결국,
건축을 좋아하게 될걸

초판 1쇄 펴냄 2025년 3월 20일

지은이 권선영 한수옥

펴낸이 고영은 박미숙 | 펴낸곳 뜨인돌출판(주)
출판등록 1994.10.11.(제406-251002011000185호)
주소 10881 경기도 파주시 회동길 337-9
홈페이지 www.ddstone.com | 블로그 blog.naver.com/ddstone1994
페이스북 www.facebook.com/ddstone1994 | 인스타그램 @ddstone_books
대표전화 02-337-5252 | 팩스 031-947-5868

편집이사 인영아 | 디자인 이기희 이민정 | 마케팅 오상욱 김정빈 | 경영지원 김은주

ISBN 978-89-5807-059-7 43540

한수옥
권선영

낭창한 소녀들의
설레는
건축 여행

결국,
건축을
좋아하게
될걸

뜨인돌

결국, 건축을 좋아하게 될 독자들에게.

저에게 건축은 예술, 과학, 문화, 정치, 사회, 법, 경제, 철학 같은 다양한 전문 분야들의 지식을 통해 만들어지는 종합예술이에요. 다양한 분야들이 만나고 부딪치면서 새로운 질문과 의미를 만들어 내고 그 과정을 통해 디자인이 완성되죠. 새로운 질문들에 대한 답은 정해져 있는 게 아니라서 디자인하고 창조하는 과정은 늘 아리송하면서도 즐거워요. 여러분도 이 책을 통해 건축의 다양한 매력에 빠져 보길 바라요.

건축물들이 어떤 의도로 설계되었는지, 그 자리에서 어떤 역할을 하고 무슨 이야기를 들려주는지 상상하는 일은 정말 재미있어요. 그렇게 바라보다 보면 건물들이 때로는 말랑말랑하게, 때로는 수줍게, 또 때로는 포악하게 느껴지기도 해요. 건축물에 대해 조금만 더 관심을 가져 보면 건축물들이 각양각색의 형태와 색, 성격, 이야기, 촉감, 그리고 심지어 냄새까지도 품고 있다는 걸 알 수 있어요. 건축에 눈뜨면 일상이 훨씬 흥미로워질 거예요. 언젠가 눈에 띄는 건축물을 길에서 마주치게 된다면 건축물을 향해 거침없이 질문을 던져 보세요.

건축을 사랑하는 수가

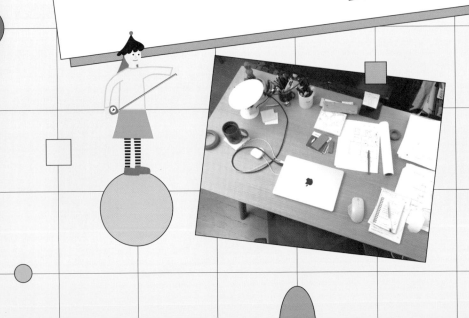

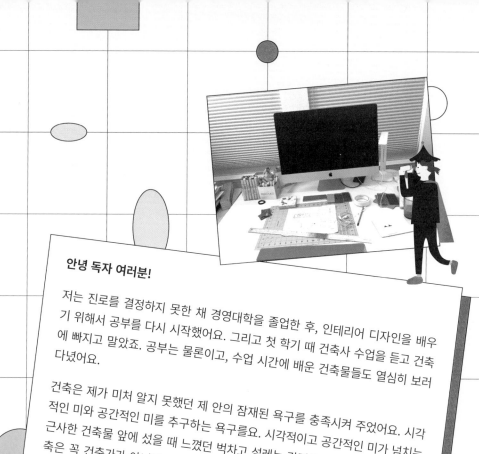

안녕 독자 여러분!

저는 진로를 결정하지 못한 채 경영대학을 졸업한 후, 인테리어 디자인을 배우기 위해서 공부를 다시 시작했어요. 그리고 첫 학기 때 건축사 수업을 듣고 건축에 빠지고 말았죠. 공부는 물론이고, 수업 시간에 배운 건축물들도 열심히 보러다녔어요.

건축은 제가 미처 알지 못했던 제 안의 잠재된 욕구를 충족시켜 주었어요. 시각적인 미와 공간적인 미를 추구하는 욕구를요. 시각적이고 공간적인 미가 넘치는 근사한 건축물 앞에 섰을 때 느꼈던 벅차고 설레는 감정은 잊을 수가 없어요. 건축은 꼭 건축가가 아니더라도 우리의 삶을 풍성하게 해 줄 미적인 행복감을 선사해요.

이 책을 읽고 나면 건축물을 보러 가고 싶어질 거예요. 여러분은 이미 건축이 주는 행복감을 느끼기 시작한 거거든요. 얼른 가서 벅차고 설레는 감정을 꼬옥 느껴 보길 바라요.

멀리 미국에서 썬이

prologue

오늘은 선생님과 진로 상담을 하는 날이다. 하지만 가기 너무 싫다. 장래에 무엇을 하고 싶은지 물어보면 할 말이 없어 꿀 먹은 벙어리가 될 게 뻔하다. 하고 싶은 게 뭔지 아직 모르겠고 어떤 직업이 나한테 잘 맞을지는 더더욱 모르겠다. 가끔 유명한 사람들의 전기를 읽으면 부러울 때가 많다. 그들은 어릴 때부터 원하는 게 분명했고 하고 싶은 것을 빨리 찾은 것 같다. 초등학교 때부터 사람들을 지키는 일이 좋아서 경찰관이 되고 싶었다고, 사람들이 불합리한 일을 당했을 때 그들을 변호하고 싶어서 변호사가 되었다고 한다.

어릴 때부터 자기가 하고 싶은 것을 정확히 알고 진로를 정하면 시간을 낭비하지 않을 수 있을 텐데….

나는 살아가면서 뭔가에 깊이 꽂힌 적이 없다. 오히려 이것저 것 잡다하게 관심이 많았다. 그래서 진로 상담이 있는 오늘이 조금 걱정이 된다. 나는 아직 뭘 하고 싶은지 모르는데 무슨 이 야기를 하지…?

교실에 들어서니 선생님이 창가에 앉아 기다리고 있었다.

"썬아, 장래에 어떤 일을 하고 싶은지 정했니?"

역시나 나는 꿀 먹은 벙어리가 되고 말았다.

"괜찮아, 다들 그래. 무슨 일을 하고 싶은지 아는 친구들이 몇 명이나 있겠니? 선생님이랑 같이 이야기하면서 찾아보자. 당 장 무엇을 하고 싶은지 정하지 않아도 돼. 네가 어떤 것을 좋아 하고 어떤 일을 할 때 가장 잘하고 즐겁게 할 수 있는지를 알아 내는 것만으로도 대단한 거야. 우리 함께 그걸 찾아보자."

선생님은 명랑하게 말씀하셨다.

"그럼, 우리 썬은 뭘 재미있어 하는지부터 알아볼까? 어떤 걸 할 때 가장 재미있고 시간 가는 줄 모르니?"

"음… 손으로 무엇인가를 만들 때요. 그리고 또…."

잠시 고민하다가 떠오르는 대로 대답했다.

"동네 돌아다니는 걸 좋아해요. 걸으면서 새로 생긴 가게나 건물이 있나 보고 흥미로워 보이는 상점이 있으면 구경해 보고, 맛있는 냄새가 나는 식당이 있으면 봐 뒀다가 먹어 보고 그래요. 아! 그리고 주말에는 가족들과 미술관에 가는 것도 좋아해요."

"그렇구나. 미술관에 가면 어떤 작품에서 오래 머무르는데?"

선생님의 다정한 목소리와 눈빛에 스르르 긴장이 풀렸다.

"미술관의 공간을 활용해서 만든 큰 설치물들이 좋아요. 뭔가 그 공간에만 존재할 것 같아서 특별하다는 생각이 들어요. 그리고 회화 그림과는 다르게 설치물들은 입체적이고 부피감이 있어서 그런지 더 눈에 띄고 영향력이 큰 거 같아요."

"그렇다면 썬은 디자인 계통의 일을 생각해 봐도 좋겠구나. 미술관도 좋아하고 공간과 장소들을 관찰하는 것도 좋아하니 건축 쪽을 탐색해 보는 건 어떠니? 네 취향과 성향을 들어 보면 건축가라는 직업이 잘 맞을 거 같은데."

"건축가요? 음… 건축가가 정확히 무엇을 하는 사람이에요?

건물을 짓는 사람인가요?"

나는 조금 혼란스러웠다. 건축가라니 전혀 생각해 보지 못한 직업이었다.

"오늘부터 우리 건축가에 대해 알아볼까. 다음 시간까지 건축가가 무슨 일을 하는지 조사해 오도록!"

선생님과 면담을 마치고 교실을 나왔다.

수가 문 앞에서 나를 기다리고 있었다. 수는 초등학교 때부터 같은 동네에서 지낸 단짝이다.

"오늘 면담 어땠어?"

"뭐, 생각한 것보다는 나쁘지 않았어. 선생님이 내 이야기를 들어 보시더니 건축가에 대해 알아보라고 하셨어. 나랑 어쩌면 잘 맞을 수도 있다고."

"아, 건축가! 나도 저번에 했던 적성검사에서 추천하는 직업들 중에 건축가가 있던데. 내가 수학이랑 과학을 좋아하고 미술에도 관심이 많잖아. 아마도 이 두 가지를 충족시킬 수 있는 직업 중에 건축가가 있나 봐."

"오, 역시 우리는 적성도 같네. 그래서 우리가 친군가 봐."

"그렇지!"

우리는 손바닥을 마주치며 하이파이브를 했다.

이런 저런 이야기를 나누며 우리의 아지트로 향했다. 우리는 이곳을 비밀의 정원이라고 부른다. 수랑 처음 친해진 것도 이 비밀의 정원 덕분이다. 초등학교 때 한창 《비밀의 정원》이라는 책에 빠져서 나도 나만의 비밀의 정원을 찾고 싶어 동네를 돌아다니다가 덤불로 뒤덮인 이곳을 발견했다. 마침 어떤 여자 아이가 꽃을 심고 있었는데 그게 수였다.

사실 이곳은 수네 할머니 집 뒷마당이었는데, 오랜 기간 할머니가 집을 비운 탓에 아무도 정원을 가꾸지 않아서 덤불과 잡초들로 뒤덮여 있었던 거다. 그때 이후로 수와 정원에서 자주 만나 놀기도 하고 고민도 나누고 했었다.

요즘은 학교 일로 바빠서 오랜만에 덤불이 무성한 정원을 기대하고 갔는데 놀랍게도 예전보다 정돈된 느낌이었다! 누가 온 걸까? 정원을 이리저리 둘러보고 있는데 덤불 사이로 무언가 움직이는 게 보였다.

"수야, 저기 누군가 있는 거 같은데?"

수와 나는 조심스럽게 덤불로 다가갔다. 그때, 덤불 속에서

누군가 쏙 올라왔다. 밀짚모자에 정원 가위를 든 사람이었다.

"너가 수구나!"

"누, 누구세요? 저를 어떻게 아세요?"

"네 아빠가 얘기 안 하든? 내가 온다고?"

그 사람은 눌러썼던 모자를 젖히며 환하게 웃었다.

"설마 외국에 사신다는 할머니예요?"

수의 눈이 동그래졌다.

할머니는 장난기 가득한 미소로 대답했다.

"그래 맞단다. 용케도 기억해 냈구나. 너무 갑작스러워서 놀

랐나 보네."

"네…."

얼떨떨한 표정의 수가 옆에 멍하게 서 있는 나를 발견했다.

"얘는 제 단짝친구 썬이에요. 할머니가 안 계시는 동안 저희가 정원을 가꾸고 있었거든요."

"아, 그래서 이렇게 꽃들이 예쁘게 폈구나. 너희가 이 정원에 활기를 불어넣어 주었어. 고맙다."

할머니가 밝게 웃으셨다.

"할머니, 완전히 집으로 돌아오신 거예요? 이제는 외국에 안 나가셔도 돼요?"

"아니. 디자인한 건물이 지금 지어지고 있어서 시간이 난 김에 잠시 휴가를 보낼 겸 집에 온 거란다. 또 가야지."

"아, 맞다. 할머니 건축가시죠? 아빠가 집 짓는 일을 하신다고 했는데…."

"뭐, 비슷한 일을 하고 있지."

"정말요? 우아, 너무 신기해요. 저희 이곳으로 오면서 건축가 얘기를 했거든요. 그런데 이렇게 할머니를 딱 만났네요."

수만큼이나 나도 너무 신기하고 반가웠다. 이 기회에 할머니에게 건축에 대해 이것저것 여쭤보고 싶었다.

"저는 오늘 선생님이랑 진로 상담을 했는데, 제 이야기를 들어 보시더니 건축가를 직업으로 추천해 주셨어요. 한데 저는 건축에 대해 하나도 몰라요. 할머니, 건축이 뭔가요? 저희가 건축을 할 수 있을까요?"

"흠, 내가 하는 일이 건축이긴 한데, 간단하게 이야기해 줄 수 있는 게 아니란다. 건축은 쉽게 말하면 디자인이야. 디자인은 수학이나 과학이랑은 다르게 정답이 없는 학문이란다. 형태, 용도, 기술, 문화 등을 다 포괄하는 복합적인 학문이지. 그래서 한 가지로 정의하는 건 불가능해. 어떻게 보면 과학과 예술을 합쳐 놓은 종합예술이라고 볼 수도 있지."

"건축은 생각보다 어려운 학문이군요…."

할머니의 말에 수와 나는 기운이 쭉 빠졌다.

"하지만 무척 재미있는 학문이긴 하지. 그건 내가 장담해. 너희가 원한다면 내가 집에 머무는 동안 건축에 대해 알려 줄 수도 있을 것도 같은데."

"정말요?"

할머니 말이 끝나기도 전에 우리는 신나서 펄쩍 뛰었다.

"건축에 대해 배우면서 이 학문을 너희가 즐길 수 있는지 아닌지 알아보면 좋겠구나."

할머니와 우리는 흙바닥에 같이 쪼그리고 앉아 이야기를 나누기 시작했다.

"할머니, 건축가가 되려면 어떤 성향을 가지고 있어야 돼요? 아니, 어떤 능력이 있어야 할까요? 저는 잘하는 게 딱히 없어서 걱정이에요."

"음… 건축가는 호기심이 많으면 좋을 것 같구나."

"호기심이요? 호기심 하면 난데."

나도 모르게 목소리 톤이 높아졌다. 수가 푸웃 하고 웃었다.

"그래? 호기심 외에도 관찰력, 공감 능력, 섬세함 등 여러 요소들이 있으면 좋은데, 일단 호기심이 있어야 관찰력도 생기고 관찰을 열심히 하다 보면 공감 능력도 생기고 디테일에 관심도 가질 수 있지."

"오호, 그렇다면 저희는 호기심이 많으니 일단 건축을 공부하는 데 유리할 거 같아요."

신이 난 수가 말했다.

"다행이구나. 건축은 꼭 건축가가 되기 위해서 배워야 하는 건 아니야. 너희도 알다시피 건축은 우리 주위 가까이에 있잖니. 우리가 사는 집, 너희들이 다니는 학교, 동네를 돌아다니다 보면 보이는 건물들, 이 모든 것들이 건축이란다. 건축은 우리가 살아가면서 필요한 의식주 중 하나지."

"아하, 그렇네요. 건축은 우리의 삶과 가까이 있었네요."

"건축을 공부하면 우리가 많은 시간을 보내는 공간과 주변을 새로운 각도로 다양하게 볼 수 있는 눈이 생기는 거지."

"오, 너무 좋아요. 저희 빨리 해요. 무엇부터 시작하나요? 유명한 건축물을 보러 가는 건가요?"

평소에도 야외 수업을 좋아하는 수는 벌써 들떠 있었다.

"수는 성격이 급하구나. 건축은 우리 일상 생활과 밀접하다고 했잖니. 우리가 사는 곳이 어디지?"

"집이요."

내가 빠르게 답했다.

"그렇지, 집이지. 우리랑 가장 가까이 있는 건축은 집이란다. 건축을 배우기 위한 가장 쉽고 재밌는 방법은 우리들이 잘 아는 집에서 시작하는 게 아닐까 싶은데. 집 그리고 그곳에서 가장 사적인 공간인 방에서부터 건축을 알아 가 보는 건 어떨까?"

"방이요? 방에 뭐 볼 게 있을까요?"

"그럼, 있지. 모든 공간은 기능이 있고 살펴볼 만한 건축 요소들이 존재하지."

말을 마친 할머니는 크게 하품을 하셨다.

"시차 때문에 피곤하구나. 오늘은 여기까지 이야기하고, 앞으로 매주 수요일에 나를 만나러 이 정원으로 오겠니?"

"네, 좋아요!"

우리는 동시에 대답했다.

"다음 주에는 같이 공부해 볼 집을 찾아가 보자. 그곳에서 다양한 형태의 라이프 스타일과 공간의 기능에 대해 알아볼 거야. 아마 너희가 사는 집, 그리고 지내는 방을 새로운 시각으로 볼 수 있는 기회가 될 거야!"

할머니는 비밀스러운 미소를 띠고선 집으로 들어가셨다. 우리는 이미 어둠이 내려앉은 비밀의 정원을 조용히 나왔다.

건축가라…, 멋있는 직업일 것 같다는 생각이 들었다. 어쩌면 내 평생의 직업을, 내가 하고 싶은 일을 찾을 수 있을 것 같다는 막연한 기대감을 가지고 집으로 향했다.

건축가의 가방에는 뭐가 들어 있을까?

What's in my bag?

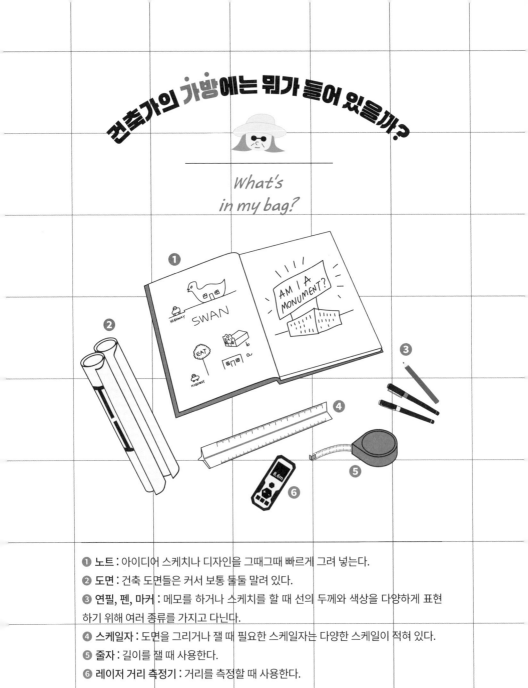

❶ **노트** : 아이디어 스케치나 디자인을 그때그때 빠르게 그려 넣는다.

❷ **도면** : 건축 도면들은 커서 보통 둘둘 말려 있다.

❸ **연필, 펜, 마커** : 메모를 하거나 스케치를 할 때 선의 두께와 색상을 다양하게 표현하기 위해 여러 종류를 가지고 다닌다.

❹ **스케일자** : 도면을 그리거나 잴 때 필요한 스케일자는 다양한 스케일이 적혀 있다.

❺ **줄자** : 길이를 잴 때 사용한다.

❻ **레이저 거리 측정기** : 거리를 측정할 때 사용한다.

공사 현장

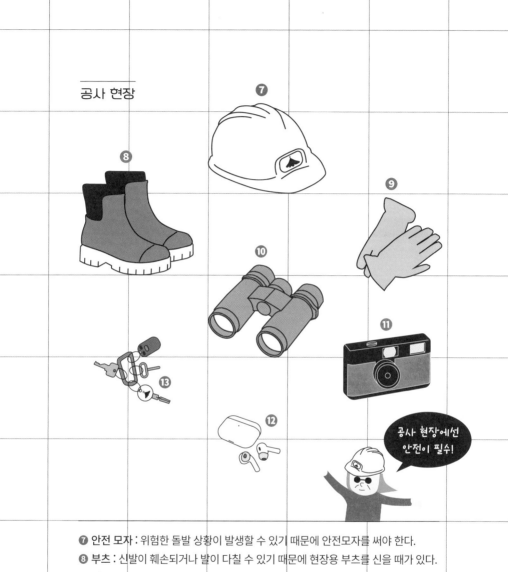

❼ **안전 모자** : 위험한 돌발 상황이 발생할 수 있기 때문에 안전모자를 써야 한다.

❽ **부츠** : 신발이 훼손되거나 발이 다칠 수 있기 때문에 현장용 부츠를 신을 때가 있다.

❾ **장갑** : 맨손으로 만지면 위험한 재질이나 뾰족한 것들이 있기 때문에 손을 보호하기 위해 장갑을 껴야 한다.

❿ **망원경** : 크고 복잡한 현장을 가까이 보기 위해 망원경을 사용하는 경우가 있다.

⓫ **카메라** : 현장 사진이나 참고 자료를 촬영하여 기록한다.

⓬ **무선 이어폰** : 건축가는 여기 저기 통화해야 할 일이 많다.

⓭ **각종 열쇠** : 공사 현장 열쇠, 자동차 열쇠, 사무실 열쇠, 집 열쇠 등등

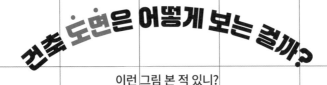

이런 그림 본 적 있니?
바로 건축 도면이란다. 도면은 건축의 언어야.
건축물의 다양한 정보를 담고 있지. 건축가는 도면을 통해 공간을 표현하고,
건축주(건축을 의뢰한 사람)와 소통한단다.

예시 건축물 : A House For Essex, Designed by FAT architecture and Grayson Perry

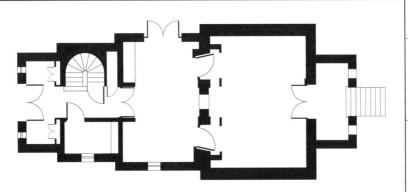

평면도

집의 구조적 모습을 보기 위해 수평으로 나타낸 그림이야. 공간이 어떻게
구성되어 있는지 알 수 있지. 방의 위치와 넓이, 길이 등이 표시되고 계단,
창문 등의 요소들이 어떻게 배치되어 있는지 한눈에 파악할 수 있어.

건축 도면에는 쉽고 간단하게 볼 수 있도록 건축 도면 기호를 사용한단다.
위의 평면도에서 이 건축 도면 기호들을 찾아볼래?

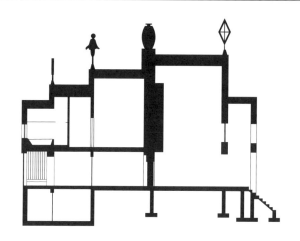

| 단면도 | 단면도는 건축물을 수직으로 잘랐을 때 공간의 모습이야. 단면도를 보면 건축물의 내부 구조, 공간의 높이와 층수 등을 알 수 있지. 건축물의 안정성과 기능성을 평가하는 데 도움이 된단다. |

| 입면도 | 입면도는 건축물의 외부 모습을 보여 주는 도면이야. 건축물의 외관 디자인, 창문 모양, 발코니, 색상, 질감 등을 알 수 있지. |

1

우리가 사는 집
벽과 공간의 변신

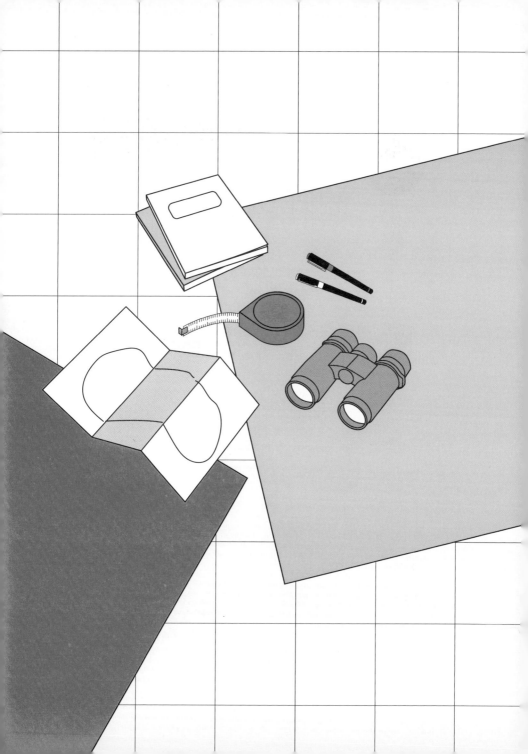

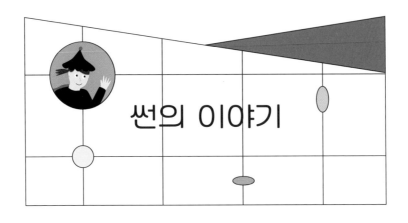

썬의 이야기

말랑말랑한 벽을 가진 집, 커튼벽 집

할머니와 약속한 날이 되어서 우리는 수업이 끝나자마자 아지트인 비밀의 정원으로 향했다. 할머니는 오늘도 검은색 옷을 입고 텃밭에서 토마토 종자를 심고 계셨다. 수는 할머니를 발견하자마자 달려갔다.

"할머니, 저희 왔어요. 저희 오늘부터 건축 수업 하는 거죠?"

수가 신이 나서 물었다.

"그래. 학교 수업은 잘 들었니?"

"네, 뭐 항상 똑같죠."

매일마다 일어나서 학교 갔다 집에 가는 게 일상인 난 시큰둥하게 대답했다.

할머니는 일어나서 옷에 묻은 흙을 탈탈 털고 벤치에 앉았다.

"자, 그럼 수업을 시작해 볼까. 오늘은 방과 집의 내부 구조에 대해서 알아볼 거야. 먼저 질문 하나 하지. 너희들은 방을 어떤 공간이라고 생각하니?"

"글쎄요. 벽으로 둘러싸여 있고 문이 하나 있는 공간이요?"

나는 생각나는 대로 답했다.

"수야, 네 방은 어떤 모습이니?"

"제 방이요? 뭐, 별거 없어요. 문을 열고 들어가면 책상이 창문 옆에 있고 벽면에는 침대가 있어요."

수는 자기 방을 떠올리면서 말했다.

"그렇다면 공간을 벽으로 나눠야만 방이 된다고 생각하니?"

"네. 그런 거 같아요. 아니면 그냥 개방된 공간이잖아요. 거실 같이 닫혀 있지 않은 공간은 누구나 자유롭게 누가 뭐 하는지 볼 수 있고 사생활이 없잖아요. 거실은 방은 아니죠."

"공간을 나눠 주는 벽이 있어야만 방이라는 얘기구나?"

할머니는 우리의 대답을 확인하듯 물어보셨다.

"네. 그럼요."

"썬, 네 방에 있는 벽은 어떻게 생겼니? 어떤 재료로 이루어져 있니? 움직일 수 있니?"

"벽이 어떻게 생겼냐고요? 벽은 그냥 딱딱한 거 아니에요? 딱딱한 콘크리트로 만들어져서 고정되어 있잖아요. 움직일 수 있는 게 아니지 않아요?"

나는 할머니가 왜 자꾸 이런 걸 물어보시는지 영문을 몰라 수를 쳐다보았지만 수 역시 모르는 것 같았다.

"썬은 콘크리트로 만들어진 아파트에 사니까 네 방 벽은 콘크리트겠구나. 하지만 모든 벽이 콘크리트 벽으로 이루어지진 않았단다. 공간을 분리시키는 벽은 한 종류가 아니지."

평생 콘크리트로 지어진 아파트에서만 살아온 난 할머니의 이야기가 무슨 뜻인지 이해하지 못해 갸우뚱하며 되물었다.

"그럼요? 콘크리트 벽이 아니면 뭘로 공간을 분리하는데요?"

"오늘 너희들에게 그걸 보여 주려고 해. 아주 재미있을 거야."

할머니는 주머니에서 지도를 꺼내더니, 우리 앞에 펼치셨다.

"이게 우리가 앞으로 공부할 건축물들의 지도란다."

할머니가 보여 준 지도는 우리 동네랑 비슷해 보이기도 하고 아니기도 했다. 건물들 옆에는 동그라미, 세모, 네모, 별, 하트 모양의 도형이 그려져 있었다. 우리가 가 봐야 할 건축물들이 다양한 도형으로 표시되어 있는 것 같았다.

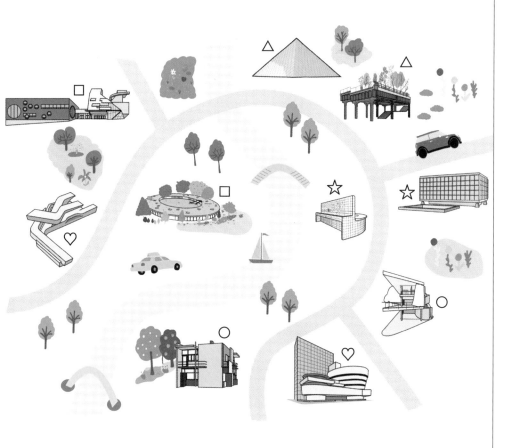

"할머니, 이 표시들 중에 저희가 오늘 갈 곳은 어디예요?"

나는 지도에 그려진 도형을 가리키며 물었다.

"오늘 공부할 건축물들은 동그라미 모양으로 표시되어 있단다. 자, 그럼 출발해 볼까."

"네!"

우리는 호기심에 가득 찬 채, 할머니의 뒤를 따랐다. 학교에서 시각 자료와 선생님의 설명으로만 수업을 듣다가 공부할 대상을 직접 찾으러 다니다니, 공부가 저절로 될 것 같은 기분이 들었다.

할머니는 지도를 보면서 좁고 꼬불꼬불한 길들을 빠른 걸음으로 걸어갔고, 정신없이 그 뒤를 따라가다 보니 옹기종기 모여 있는 회색 건물들 사이로 흰 천에 싸인 집이 보였다.

"혹시 저희, 저 집 가는 거예요?"

수가 흰 천이 늘어진 건물을 가리키며 물었다.

"어떻게 알았니?"

"저 집이 이 동네에서 제일 특이하게 생겼잖아요."

그 정도쯤은 충분히 알 수 있다는 듯한 표정을 지으며 수가 호기롭게 앞장을 섰다.

"근데, 왜 집이 천으로 둘러싸여 있죠? 건물을 싸 놓은 것처럼요. 저 천을 걷어 내면 상상도 못 한 형태가 나타날 것 같아요."

나는 집 주위를 찬찬히 살펴보았다.

"이 집은 너희가 보는 그대로 천으로 둘러쳐진 '커튼벽 집 Curtain Wall House'이야. 반 시게루라는 일본 건축가가 지은 집이지. 반 시게루는 종이를 재료로 건물을 짓는 건축가로도 유명하단다."

"집 이름이 커튼벽이에요?"

머리 위쪽에 있는 흰 천을 바라보며 수가 물었다.

"응. 안으로 들어가 보면 왜 그렇게 이름을 지었는지 단번에 이해할 수 있을 거야. 저 커튼 뒤로 어떤 공간이 숨겨져 있을지, 집 안으로 들어가 볼까."

커튼으로 둘러싸인 집의 1층은 흰 기둥만 4개가 있었고 차를 주차할 수 있게 비어 있었다. 계단을 올라가니 2층은 누군가 생활하는 공간이었다. 한데 부엌 싱크대랑 식탁만 있고 텅텅 비어 있었다. 하얀 바닥에 하얀 기둥, 하얀 부엌, 하얀 천장. 집 안이 온통 하얀색이었다. 정말 단순한 구조의 집이었다.

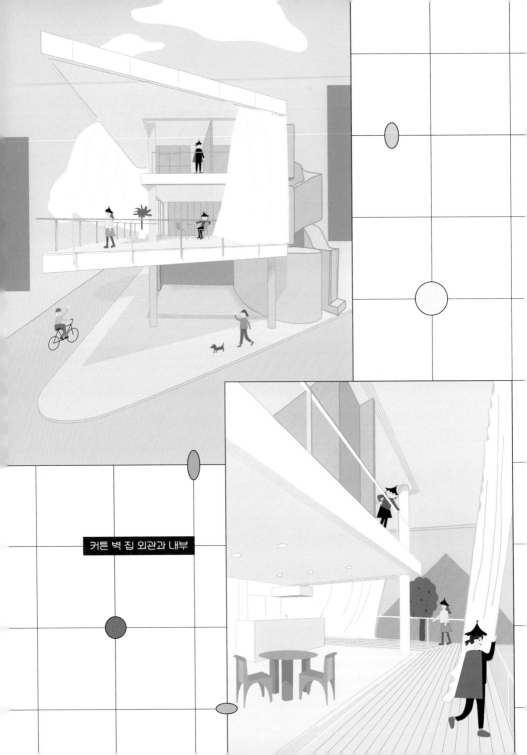

커튼 벽 집 외관과 내부

주변을 둘러보며 걷다 보니 하얀 바닥에 있다가 어느 순간 나무 데크 위에 있었다.

"할머니, 바닥이 하얀색 실내 바닥과 나무 데크로 되어 있네요? 바닥을 왜 다른 재질로 나누었나요? 게다가 보통 이런 나무 데크는 외부 테라스에 많이 있는데."

나는 나무 데크와 하얀 바닥을 왔다 갔다 해 보았다.

"여기는 실내 공간이면서 외부 공간이 될 수도 있지."

"그게 무슨 말이에요?"

할머니는 나무 데크 바닥 쪽으로 내려져 있는 긴 흰색 커튼을 갑자기 걷기 시작했다. 커튼이 걷히며 서서히 바깥 풍경이 드러났다.

"와우! 이게 뭐죠? 커튼이 외부와 내부를 나누는 벽 역할을 하는 건가요?"

"그렇다고 할 수 있지. 가끔 내부에 있지만 밖에 있는 듯한 느낌을 갖고 싶을 때가 있지 않니? 이 집에 있으면 그런 느낌을 제대로 느낄 수 있단다. 커튼을 치면 실내를 가려서 사생활이 보호되지만 밖에서 나는 소리나 바람은 온전히 느낄 수 있지."

커튼이 걷혀서 시야가 뻥 뚫린 집 밖을 바라보며 난간에 서

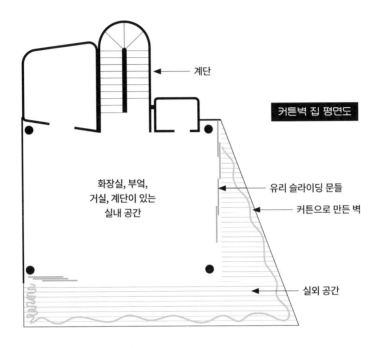

계단

커튼벽 집 평면도

화장실, 부엌,
거실, 계단이 있는
실내 공간

유리 슬라이딩 문들

커튼으로 만든 벽

실외 공간

있으니 찬바람이 얼굴을 스쳤다.

"하지만 이렇게 집이 외부에 개방되어 있으면 겨울에는 너무 춥고 여름에는 더운 공기가 실내에 들어와서 덥지 않을까요?"

"게다가 떨어지는 잎들이 다 실내로 들어오잖아요. 그건 아늑한 집이 아닐 것 같아요."

집 안으로 날아 들어온 이파리들을 보면서 수가 덧붙였다.

"맞는 말이야. 하지만 건축가도 다 생각이 있지. 실내에 문을 만들었단다. 보렴."

할머니가 벽 끝 쪽에 있는 유리 슬라이딩 문*을 잡아당겨서 기둥 옆 모서리까지 닫으셨고 반대편도 똑같이 끝까지 닫으셨다. 그러자 흰색 바닥과 나무 데크가 유리 슬라이딩 문으로 나누어졌다. 유리문 안에 있으니 더 안전하고 보호받고 있는 듯한 느낌이 들었다. 게다가 유리 덕분에 밖이 잘 보여서 외부와 단절된 거 같은 답답함이 크게 들지 않았다.

"집이나 건물 내부에 있으면 바깥에서는 통제가 안 되는 햇빛이나 뜨거운 기온 혹은 차가운 기온, 그리고 바람과 같은 것들을 통제할 수 있잖니."

"그쵸, 집 안에 있으면 바람이랑 햇빛을 원하는 만큼만 들어오게 창문으로 조절이 가능하죠. 그리고 난방이나 냉방 장치로 온도를 조절할 수도 있고요."

"보다시피 이 커튼이 외부와 내부를 연결해 주지만 비나 바람을 완전히 막아 줄 수는 없어. 그래서 겨울과 같이 추운 날씨에 커튼이 충분히 온도를 유지시켜 주지 못해서 데크와 하얀색 내부 바닥 사이에 유리문을 만든 거란다. 이 유리문들을 다

■ 밀어서 열고 닫는 문. 여닫이문.

닫으면 차가운 바람과 같은 외부 환경이 단절되지. 물론 여전히 밖이 보이긴 하지만 말이다."

커튼은 2, 3층을 가려 주고 있었다. 나는 커튼을 닫았다 열었다 하면서 닫았을 때랑 열었을 때를 비교해 보았다. 커튼이 닫혀 있고 실내 나무 데크에 있으니 외부 시선이 차단된 이 집만의 정원에 온 같았다. 그러다 커튼을 여니 화사한 햇빛이 들어와서 기분이 상쾌해졌다.

흰색 커튼을 다시 닫으며 할머니에게 물었다.

"할머니, 건축가가 이런 집을 지은 이유가 뭘까요?"

"이 집 주인은 자유롭고 개방된 공간을 즐겼어. 바깥 세상과 소통하고 싶어 했지. 그래서 최대한 외부와 단절되지 않게 건축가가 빛과 바람과 같은 외부와의 연결고리를 완전히 끊지 않는 현대적인 재료로 외부와 내부를 연결시키면서 동시에 분리시킨 거야."

"이 공간은 외부와 내부의 그 중간 공간이라고 할 수 있겠네요. 이런 공간은 어떤 의미가 있나요?"

수가 물었다.

"이 공간은 다양성을 위해서 필요하다고 할 수 있지. 이 세상에 지어지는 모든 집들이 똑같다면 사람들마다 공간을 비슷하게 활용하고, 라이프 스타일마저 비슷해질 확률이 높아. 물론 각자의 삶의 방식에 맞게 물건들과 가구들은 조금씩 다르게 꾸미고 살겠지만 말야. 공간에 따라서 사람들은 그곳에 맞게 생활을 할 수밖에 없거든. 예를 들어서 화장실이 부엌 바로 옆에 있으면 사람들은 밥을 먹고 곧바로 화장실을 쓰겠지만 만약 화장실이 방 안에 있다면 밥을 먹고 부엌에서 정리를 다 하고 다른 일을 하다가 방에 들어갈 일이 생길 때 화장실을 가는 습관을 가질 확률이 높아. 이렇듯이 공간에 따라 사람들의 생활 반경이나 형태가 만들어지지."

할머니는 설명을 이어 가셨다.

"이 집처럼 외부와 내부를 둘 다 느낄 수 있는 중간 공간이 있으면 사람들은 예전에는 한 번도 느껴 보지 못했던 외부와 내부의 경계에 대해 생각해 볼 수 있는 거야. 다양한 공간을 경험할 수 있는 기회를 얻을 수 있는 거고. 그럼 삶을 사는 방식이 더 다양해지지 않을까?"

"아하, 그런 깊은 뜻이 있었군요. 특별한 기능이 없어 보이고 애매한 공간들도 다 나름의 의미가 있는 거군요."

건축은 생각한 것보다 심오하고 철학적인 학문 같았다.

"그럼 이 건물은 외벽*이 없는 건가요? 커튼이 벽 역할을 하는 건가요?"

수는 여전히 궁금한 게 많은 듯했다.

"그렇다고 할 수 있지. 우리가 항상 보는 딱딱하고 단단한 나무 구조나 콘크리트로 만들어진 벽만 있는 건 아니야. 우리 앞에 보이는 커튼도 벽 역할을 할 수 있지."

"이 건물을 지은 건축가는 왜 커튼이라는 천 소재를 사용해서 공간을 분리했을까요? 단단한 벽은 딱딱하고 답답해서 그랬을까요?"

"뭔가 하늘하늘한 벽을 갖고 싶었을 수 있지."

"네에?"

"커튼이라는 천 소재는 시각적으로 외부를 차단해 주지만 외부에서 오는 바람과 소리를 실내에 전달해 주잖아. 집에 있으면서 외부와 소통하고 싶은 집 주인의 마음을 가장 잘 표현해 줄 수 있는 건축 재료여서 선택했을 거야."

건물의 바깥쪽을 둘러싸고 있는 벽. 건물 내부를 격리하여 주거 생활을 확보하기 위한 벽이다. 바깥벽.

할머니는 장난스럽게 미소 지었다.

"커튼 이야기를 하니까 생각났는데, 너희 혹시 커튼월 양식에 대해 들어 본 적 있니?"

"아니요."

한 번도 들어 본 적 없는 용어였다.

"현대 건축에서 많이 사용하는 개념인데, 고층 건물을 보면 건물의 면이 통유리로 이루어진 경우가 많잖니. 그런 건물이 글래스(유리) 커튼월 glass curtain wall 양식을 사용한 거란다. 외벽이 건물 본체와 분리된 방식인데 유리 벽이 커튼같이 건물 외부를 둘러싸고 있어서 '글래스 커튼월'이라고 부른단다. 간단하게 '커튼월' 건물이라고도 하지."

"아, 대도시 고층 건물에서 많이 봤어요."

"이런 건물들은 어떤 장점이 있어서 많이 만들어진 건지 궁금하지 않니? 왜 굳이 유리 벽을 사용하는 걸까?"

"글쎄요. 빛이 잘 들어와서 아닐까요?"

수가 답했다.

"맞아. 실내에 빛이 아주 잘 들어오지. 그리고 외부 풍경을 감상할 수 있는 장점도 있고."

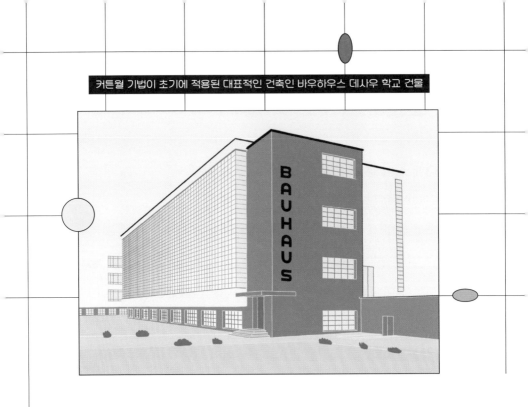

커튼월 기법이 초기에 적용된 대표적인 건축인 바우하우스 데사우 학교 건물

수와 나는 고개를 끄덕이며 할머니의 말을 경청했다.

"이런 통유리로 벽을 만든 건 혁신적인 일이었지."

"19세기 이전에는 건물을 지탱하는 데 벽과 기둥이 필요했어. 하지만 19세기에 철근을 사용해서 기둥을 세울 수 있게 되면서 외벽이나 실내 벽으로 건물을 지탱하지 않아도 되었지. 실내에 구조 역할을 하는 벽들이 필요 없게 되어서 실내 공간을 원하는 대로 배치할 수 있게 되었고 외부 벽 재료도 자유롭게 선택할 수 있게 된 거야."

"철근 구조를 사용함으로써 건축가가 건물을 자유롭게 디자인할 수 있게 된 거군요."

"그렇지!"

"한데 유리 벽으로 이루어지지 않은 집도 커튼월 집이라고 할 수 있나요?"

커튼을 어루만지며 수가 물었다.

"커튼월은 은유적인 표현으로 유리 벽을 커튼이라 생각하고 커튼월이라고 했는데 이 집 같은 경우에는 재밌게도 실제 커튼이 벽이 된 경우라고 할 수 있어. 가볍고 하늘하늘한 재료가 벽이 된 거지. 커튼월을 말 그대로 실현한 집인 거야!"

방이 움직이는 집, 발가벗은 집

"너무 흥미로워요."

내가 눈을 반짝이자, 할머니가 빙그레 웃었다.

"더 흥미로운 곳을 소개할까 하는데, 너희 혹시 움직이는 방에 대해 들어 본 적 있니?"

"움직이는 방이요? 방이 어떻게 움직여요? 바닥이 움직이는 건 불가능한 거 아니에요?"

나는 움직이지 않는 바닥을 발로 밀며 물었다.

"음, 과연 불가능할까? 이 집을 디자인한 반 시게루가 바퀴 달린 방을 만들었단다. 그 집은 발가벗은 집Naked House이라고 불리는데 층고가 2층 정도이고 공간을 나누는 벽이 하나도 없어. 천장이 높은 비닐 하우스같이 생겼다고 보면 돼. 바퀴가 달린 방들이 여럿 있어서 자유롭게 방을 붙였다가 떨어뜨렸다가 할 수 있지."

"바퀴가 달린 방들이 있다고요?"

"하하 그래. 방들에 바퀴가 달려서 방들을 원하는 곳으로 옮길 수가 있어. 다섯 명의 가족을 위한 집으로 만들어졌는데, 집주인이 원한 것은 가족들끼리 서로 격리되지 않으면서 최소한의 사생활은 보장이 되는 집이었어. 그래서 가족들이 서로에게 일어나는 일을 공유하면서도 자신만의 활동을 할 수 있는 그런 집을 디자인한 거야."

"신기하네요. 그럼 움직이지 않는 벽은 집의 외부 벽밖에 없고 안에 있는 벽들이 움직인다는 거네요?"

"그렇지. 고정된 벽이 있어서 정해진 공간에서 생활하는 게 아니라 공간이 유연하게 변화할 수 있어서 생활 방식도 자유롭게 변화하고 다양하게 만들어질 수 있는 거지."

"저도 그런 상상을 해 본 적이 있어요. 제 방이 화장실에서 먼데 밤에 화장실 가고 싶을 때 화장실이 제 방 바로 옆으로 오면 좋겠다는 상상을 하곤 했거든요."

"그거야! 너희가 사는 집은 고정되어 있는 벽으로 방들이 이루어져 있잖니. 만약 수, 네 방이 부엌 옆에 있다면 네가 그 집에 사는 동안 네 방은 항상 부엌 옆에 위치해 있을 거야. 방 위치를 네가 마음대로 바꿀 수 없는 거지. 근데 이 바퀴 달린 방이 네 방이면 네가 원하는 위치에 방을 배치할 수 있는 거지. 오늘은 화장실 옆으로 옮겨서 지내 보기도 하고 어느 날은 해가 잘 들어오는 남쪽으로 방을 옮길 수도 있지. 네 기분에 따라 너만의 공간인 방을 움직이면서 사용할 수 있는 거야."

"오, 생각만 해도 신나요. 원하는 대로 공간을 배치해 볼 수 있다니요. 기분에 따라서 방들을 움직일 수 있다는 것도 너무 좋아요. 학교에 빨리 갈 수 있게 현관 앞에 방을 배치할 수도 있겠네요."

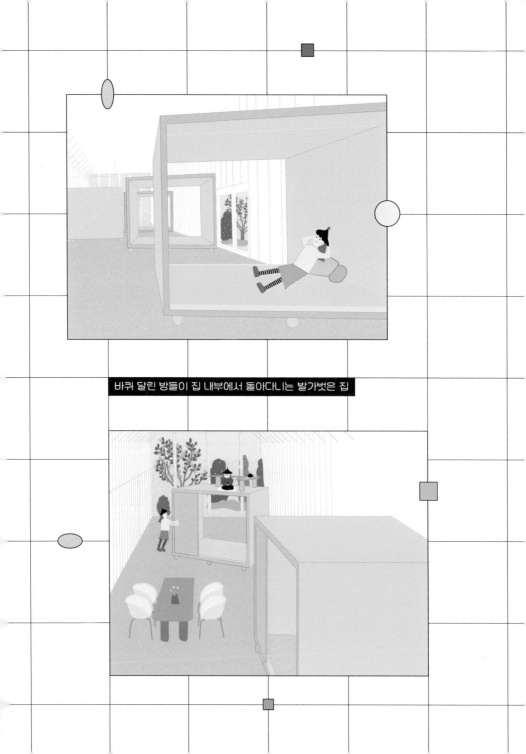

바퀴 달린 방들이 집 내부에서 돌아다니는 발가벗은 집

"하하. 그렇지. 바퀴 달린 방들을 서로 떨어뜨려 놓을 수도 있지만 연달아 붙여서 긴 공간으로 만들 수도 있단다. 가족들끼리 모여서 같이 놀고 싶으면 바퀴 달린 방들을 한곳으로 다 모아서 방 안을 넓게 쓸 수도 있어. 바퀴가 달려 있어서 방의 배치와 집의 구조를 쉽게 원하는 대로 바꿀 수 있다 보니 이 집에 사는 사람들의 생활 방식이 유연해질 수 있게 된 거지."

집 구조에 따라서 우리가 살아가는 방식이 달라질 수 있다는 것은 생각지도 못했다.

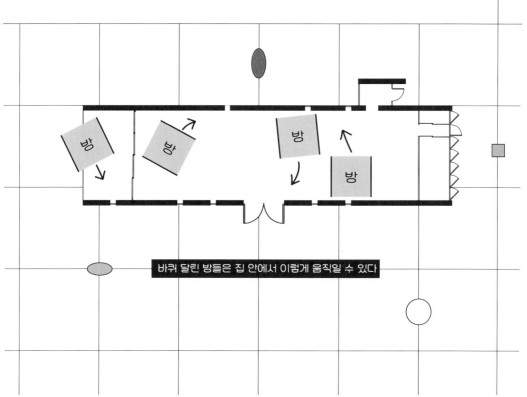

바퀴 달린 방들은 집 안에서 이렇게 움직일 수 있다

"공간이 주는 의미는 제가 생각했던 거보다 더 큰 거 같아요. 공간을 자유롭게 바꿀 수 있게 되면서 그곳에 사는 사람들의 삶의 방식이 완전히 바뀌기도 하는 거잖아요."

"그렇지. 이렇게 벽이 움직이거나 방 전체가 사용자의 활동과 필요에 의해서 바뀔 수 있다는 건 건축에서 큰 의미가 있단다. 일반적으로 움직이지 않고 생명이 없다고 여겨졌던 공간에 생명을 불어넣어 주었고, 또한 건축이 민주적인 요소를 띠게 됐다는 거거든."

"민주적이요? 그건 무슨 뜻이에요?"

수가 물었다.

"건축은 보통 건물을 짓는 건축가에 의해서 공간이 결정되고 디자인되어지잖니. 하지만 이렇게 사용자들의 마음에 따라서 공간의 형태가 바뀔 수 있는 경우에는 건축가들의 통제에서 벗어날 수 있는 거지. 이 공간에 사는 사람들이 건축가가 지어 놓은 건물에서 건축가가 짜 놓은 디자인에 맞춰서 사는 게 아니라 직접 공간을 만들어 나갈 수 있는 거야."

"오, 그런 굉장한 의미가 있군요. 생각해 보니 그냥 지어진 집에서만 살았지. 우리가 사는 공간에 대해서 한 번도 다른 방식일 수 있지 않을까, 라는 생각을 안 해 봤어요."

나도 수와 마찬가지였다.

커튼월 하우스를 나오자 할머니는 오른쪽 길을 가리키며 새로운 집을 보러 가자고 했다.

"그럼 이제 공간의 기능에 대해 새로운 관점을 보여 줄 집을 찾아가 볼까?"

"공간의 기능이라는 말이 너무 어려워요."

나는 그 말이 건축 용어처럼 무겁게 느껴졌다.

"공간의 기능이란 우리가 그 공간을 어떻게 사용할 것인지 정하는 것인데, 보통 빈 집으로 이사를 가면 어떤 방은 자는 곳이라고 정해서 그 공간에서 잠을 자고, 어떤 공간은 책과 책장을 넣어서 서재로 사용하기도 하는 식으로 공간에 기능을 부여하잖니. 그걸 말하는 거란다."

"아하!"

나는 고개를 끄덕였다.

공간이 변하는 집, 리트펠트 슈뢰더 집

"여기로 와 보렴."

우리는 할머니를 따라서 벽돌집들이 줄줄이 늘어서 있는 길가를 걸어갔다. 벽돌집들 끝에 전혀 다른 느낌의 집이 하나 보였다. 모던하고 세련된 느낌이 물씬 나는 건물이었다. 깔끔한 하얀색 바탕에 검은색 창틀과 노란색 외부 기둥과 빨간색 선들이 눈에 띄었다.

집 앞에 도착하자 할머니가 집 안으로 들어가기 전에 설명할 것이 있다고 했다.

"이 집은 게리트 리트펠트 Gerrit Rietveld라는 건축가가 슈뢰더 가족을 위해 디자인한 집이라서 '리트펠트 슈뢰더 집Rietveld Schröder House'이라고 불린단다. 집에 대해서 간단히 설명하자면, 데 슈틸De Stijl에서 영감을 받아 만들어진 집이야."

"데 슈틸이 뭐예요? 미술과 관련된 거 같은데요…."

평소 미술에 관심이 많아서 미술사 책을 자주 읽는 수가 뭔가 아는 듯 물었다.

"데 슈틸은 1917년에 네덜란드에서 시작된 예술 운동으로 현

리트펠트 슈뢰더 집

대 미술과 건축에 큰 영향을 미쳤어. 원색들과 추상적인 요소를 사용하고 도형과 예술의 순수함을 그대로 반영했지. 이 집도 살펴보면 기하학적인 모양으로 되어 있고, 건물 외관을 둘러보면 흰색과 회색으로 칠해져 있는데 창틀과 얇은 기둥들은 검은색, 빨간색, 노란색과 같은 원색으로 이루어져 있어서 데 슈틸 작가들의 그림을 연상시키지."

"데 슈틸 운동에 참여한 대표적인 작가는 누가 있어요?"

작가의 작품을 알면 좀 더 쉽게 이해할 수 있을 것 같았다.

"너희가 알 만한 작가는 몬드리안이 있겠구나."

"여러 도형들이 검은 선들로 이루어져 있고 노랑, 빨강, 남색 도형들로 구성되어 있었던 작품 말이죠? 그러고 보니 이 집도 몬드리안 작품과 비슷한 느낌이 들어요."

수가 말했다.

"이 집 같은 경우는 남편 슈로더 슈뢰더가 죽고 난 뒤 그의 부인이 3명의 자녀와 좀 더 작은 집에 살고 싶어 해서 지어진 집이야. 이 집이 흥미로운 건 공간의 배치가 자유롭다는 거야."

"공간의 배치가 자유롭다고요?"

"음, 썬은 한 번도 가 보지 않은 집에 가면 어떤 방이 침실이고, 어떤 방이 부엌이고, 거실인지 구분할 수 있니?"

"네, 당연히 구분할 수 있죠. 문이 있는 방에 침대가 있으면 보통 침실이고 그릇을 넣는 찬장이나 싱크대, 가스레인지가 있으면 부엌이에요. 그리고 방으로 이루어지지 않은 개방된 공간에 소파나 안락의자가 있으면 대부분 거실이에요."

난 자신감 있게 답했다.

"그럼 침대가 없는 방은 침실이 아닌 거네?"

"보통 그렇지 않나요? 담요를 바닥에 깔고 잘 수도 있지만요."

슈뢰더 부인

데 슈틸을 대표하는 몬드리안 그림

"썬, 네가 말한 것처럼 우리는 공간 안에 있는 가구들을 보고 그 공간이 어떤 기능을 하는 공간인지 추측하지. 그 공간에 있는 가구들이 공간의 기능과 역할을 정의하는 거야. 그런데 만약에 벽이 없이 한 층이 다 오픈된 공간에 갔는데 한쪽 벽에 침대가 있고 다른 쪽에 책상이 배치되어 있으면 그 공간은 무슨 공간이라고 부를 수 있을까?"

"벽이 하나도 없이 오픈된 공간에 침대도 있고 공부할 수 있는 책상도 있다고요? 음 그러면, 침실 겸 공부방 겸 거실 공간이 되는 건가? 그런 곳은 가 본 적이 없는 거 같아요."

"아, 원룸 같은 곳은 모든 생활을 한 공간에서 함께 할 수 있게 디자인되어 있잖아."

내 대답에 수가 얼른 끼어들었다.

"그래, 맞단다. 원룸처럼 개방된 공간을 오픈 플랜 open plan 공간이라고 부른단다."

"오픈이라는 단어가 들어가니깐 개방되어 있는 공간이라는 뜻인가요?"

수가 되물었다.

"그렇지. 공간이 방으로 나누어져 있지 않고 뻥 뚫린 공간으로 개방되어 있다는 뜻이지. 오픈 플랜에 대해 얘기하기 전에 잠깐 프리 플랜free plan에 대해서 설명해야겠구나. 프리 플랜과 오픈 플랜은 밀접한 관계가 있어. 프리 플랜이 있어서 오픈 플랜이 가능해졌지."

"프리랑 오픈이라, 자유롭고 개방적이라 비슷한 느낌이면서 다른 뜻을 가진 단어네요."

"오픈 플랜은 실내 공간이 벽으로 나누어지지 않고 개방되어 있지. 발가벗은 집처럼. 그런데 그게 가능하려면 건물을 지탱하는 구조 벽이 실내에 없어야 해. 예전에는 건물이 지탱하기 위해서는 실내에 구조 벽이 있어야 했다고 아까 커튼벽 집에서 얘기했는데, 기억날지 모르겠구나."

"기억나요. 건물 외부에 있는 벽으로는 건물의 무게를 지탱하기 어려워서 실내 중간 중간에 건물을 지탱하기 위한 구조 벽이 필요했다고요. 하지만 철근 구조를 사용하게 되면서 구조 벽이 필요 없어졌고 실내 공간을 마음대로 디자인할 수 있는 자유가 생겨 원하는 대로 실내 공간을 구성할 수 있게 되었다고 하셨 잖아요."

나는 아까 열심히 적어 놓은 수첩을 보며 대답했다.

"맞아. 자유롭게 공간을 구성할 수 있는 게 프리 플랜이야. 유리 벽으로 건물을 둘러싼 글래스 커튼월 하우스도 프리 플랜을 사용한 경우지. 건축물을 보러 다니다 보면 새로운 재료를 가지고 건축가들이 어떻게 다양한 방식으로 표현하고 발전시켜 나가는지를 알 수 있지. 그럼, 이 집은 어떤 식으로 공간을 나누었고 어떻게 오픈 플랜을 재미있게 사용했는지 들어가서 살펴볼까."

잔뜩 기대감을 안고 할머니를 따라 집으로 들어갔다. 얼핏 보기에 평범한 구조의 집 같았다. 현관에서 몇 단 되지 않는 파란색 계단이 보이고 그 옆에 노란색 벽이 보였다. 1층 오른쪽에는 싱크대와 가스레인지가 있는 부엌 공간이 있었고, 앞으로 쭉 가니 책상이 있는 작업 공간, 그리고 왼쪽으로는 책장이 많이 있는 서재 공간이 벽으로 나누어져 있었다.

"1층은 평범한 집 구조 같은데?"

"그러네. 1층은 너무 평범한데 2층은 뭔가 다를 것도 같아. 썬, 2층으로 올라가는 계단이 좀 독특해 보여."

수는 2층에 호기심을 보였다.

"1층은 일반적인 집 구조로 되어 있지만 2층은 집주인인 슈

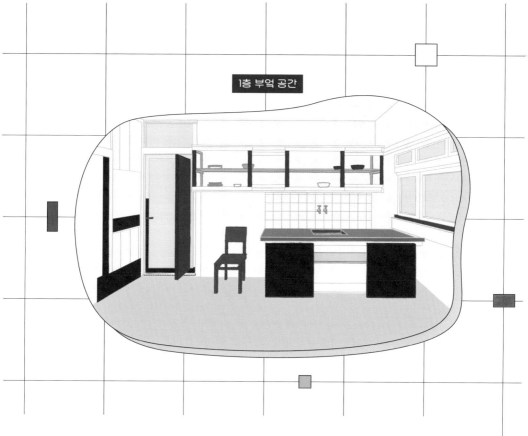

1층 부엌 공간

뢰더 부인이 원하는 보헤미안 스타일*을 반영해서 오픈 플랜
으로 이루어져 있지. 하지만 실제로 생활을 해야 하는 곳이라서
공간을 부분적으로 나눌 수 있는 시스템을 도입하여 실용성을
더했지. 2층으로 올라가 볼까."

말이 끝나자마자 할머니는 반 정도만 보이던 계단을 올라가

■ 틀에 박히지 않고 집시처럼 자유롭게 생활하는 스타일.

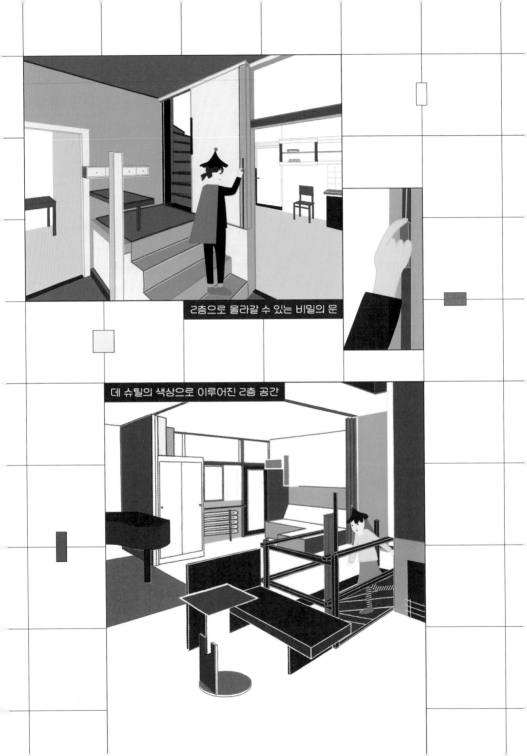

2층으로 올라갈 수 있는 비밀의 문

데 슈틸의 색상으로 이루어진 2층 공간

더니 벽 쪽에 붙은 빨간색 손잡이를 아래로 당겼다. 그러자 노란색 벽이 옆으로 스윽 열리면서 위층으로 올라가는 계단이 나왔다. 마치 숨겨진 다락방에 올라가는 듯한 느낌이 들었다.

2층에 도착하니 가장 먼저 눈에 들어온 것은 공간을 가득 채운 원색이었다. 집 외관과 같이 검은색, 노란색, 파란색이 바닥, 벽 그리고 천장을 장식하고 있었다. 공간 전체가 할머니가 좀 전에 이야기한 데 슈틸의 그림 같았다. 바닥이 빨간색, 검은색 네모로 구성되어 있었고 벽 한쪽이 파란색으로 칠해져 있었다. 천장엔 빨간색, 노란색, 검은색 선들이 그어져 있었고 벽 쪽에는 침대와 옷장과 같은 가구들이 놓여 있었다.

집 안을 한 바퀴 둘러보고 할머니에게 물었다.

"특별히 공간을 나누는 벽이 없이 개방되어 있는 거 같은데 이 공간도 오픈 플랜인 거죠?"

"그렇지. 하지만 지금 앞에 보이는 게 이 공간의 전부는 아니야. 이 공간은 다른 모습을 가지고 있기도 해. 여기는 원래 아이들 방과 창고 공간으로 만들어졌는데, 이 오픈된 공간에서 개인 공간이 필요하면 슬라이딩 벽을 쳐서 공간을 분리시킬 수 있게 디자인했어. 낮에는 아이들이 놀 수 있는 공간을 만들기 위해 슬라이딩 벽을 다 밀고 넓게 오픈했다가, 밤에는 각자 잘 방을 만들기 위해 벽을 다시 친단다."

"슬라이딩 벽이요? 혹시 아까 커튼벽 집처럼 유리문이 나오는 건가요?"

나는 눈으로 유리문을 찾았다.

"오 제법이구나."

할머니는 한쪽 벽 모서리에서 문같이 생긴 슬라이딩 벽을 꺼내더니 공간 중앙까지 당겼다. 반대쪽 벽에 가서도 슬라이딩 벽을 중앙까지 꺼내 오셨다. 그렇게 사방에서 벽을 꺼냈고 마지막 슬라이딩 벽은 문이었다. 다 나온 슬라이딩 벽은 개방되어 있던 2층을 한순간에 벽으로 나눠진 공간으로 탈바꿈시켰다. 동시에 방이 여러 개 생겨났다.

"이 집은 오픈 플랜과 방으로 나눠진 전통적인 집의 구조가 다 가능해. 오픈 플랜의 장점과 폐쇄적인 방의 장점을 한정된 공간에서 다 활용할 수 있게 한 거지. 좁은 공간을 효율적으로 사용할 수 있는 방법을 보여 주고 있는 거야."

수는 슬라이딩 벽을 밀어 넣었다 뺐다 하면서, 벽이 반 정도만 있는 오픈된 공간도 아닌, 방도 아닌 공간도 만들어 보기도

슬라이딩 벽으로
오픈된 공간이 되기도 하고
방으로 나누어지기도 하는
리트펠트 슈뢰더 집의 2층 공간

하고, 한쪽 벽만 치고 다른 쪽 벽은 열어 두어서 두 공간만 이어지게 만들어 보기도 했다.

"여기에 살면 공간에 대한 재미있는 경험을 많이 할 수 있겠네요. 아이들도 정말 재밌어했을 거 같아요. 공간을 내 마음대로 만들 수 있다니 너무 멋진 일이에요."

수와 나는 집 주인이라도 된 양 신나서 함께 집 곳곳을 살펴보다가 빨간색 바닥에 있는 빨간색 의자를 발견했다.

"여기 이 빨간색 의자도 마치 이 집의 일부 같아요. 이 집은 공간 구조, 바닥, 벽, 천장 그리고 가구들까지도 하나의 작품을 구성하는 요소 같네요."

"그렇지? 썬, 네가 말한 이 의자는 건축가가 직접 디자인한 의자야. 이 집의 콘셉트를 잘 표현해 주고 있는 가구지. 이 집에 있는 색깔과 형태가 다 의자에 있지. 검은색 틀과 노란색 포인트 그리고 빨간색으로 이루어진 의자 바닥이 마치 이 집과 같아. 공간을 이루는 모든 것들이 다같이 어우러져야 건축인 거지."

"건축은 생각한 거보다 복합적이고 고려할 게 많네요."

우리는 슬라이딩 벽을 당겨서 공간을 다양하게 구성해 보기도 하고, 집에 어떤 색깔이 있는지 노트에 적어 보고 스케치도

했다. 오랜 시간 동안 슈뢰더 집에 머물다가 나왔다. 여운이 많이 남는 곳이었다.

"오늘 어땠니? 건축에 대해 관심이 생겼니?"

"너무 좋았어요. 우리 동네에 이런 멋진 건축물들이 있었다니. 그동안 왜 못 봤을까 하는 생각이 들었어요. 앞으로는 동네를 걸을 때 건물들을 유심히 살펴보게 될 거 같아요!"

수가 뿌듯한 표정으로 답했다.

"오늘 너무 많은 걸 배워서 한마디로 표현하기가 어려워요. 건축에 대한 새로운 관점과 지식을 많이 알게 되어서 벅찬 느낌이에요."

나는 흥분이 가라앉지 않아, 잔뜩 상기된 채 말했다.

"그럼 오늘 느낀 점을 일기로 써 보는 건 어떨까? 지금은 건축물을 보고 와서 그 벅찬 감정과 정보가 잘 정리되지 않을 거야. 집에 가서 자기 전에 오늘 봤던 건축물들을 떠올리면서 배운 점이나 느낀 점을 적어 보면 좋을 거야. 그럼 다음 주 수요일에 비밀의 정원에서 보기로 하자."

할머니는 간단한 인사와 함께 총총히 사라지셨다.

수의 일기

오늘 본 건축물들은 하나같이 멋진 예술 작품 같았다. 신기한 재질, 색, 형태들이 조화롭게 구성되어 있는 거대 조형물처럼 느껴졌다. 특히 슈뢰더 집은 외부에서 내부까지 입체적으로 만들어진 화려한 색의 예술작품 안에 들어가서 탐험을 하는 기분이었다. 우리가 직접 벽을 움직이면서 새로운 공간을 구성해 봤을 때는 우리를 둘러싼 공간이 변신하는 느낌이 들기도 해서 예술을 떠나 마법의 세계에 있는 것 같았다. 집이 이렇게 예술적이고 화려한 색과 형태로 만들어져 있으면 살면서 지겨워지거나 불편하진 않을까? 라는 의문도 생겼다. 하지만 집의 요소 하나하나, 색, 형태, 가구들이 모두 조화롭고 의도적으로 배치되어 있는 효율적인 집을 만들어 냈다는 사실에는 감탄을 할 수밖에 없었다. 그렇게 생각하니 건축과 예술의 차이점은 건축은 누군가를 위해서 효율적으로 활용할 수 있는 공간을 만든다는 것이 예술 작품과는 조금 다른 거 같다. 오늘 본 집들도 집주인의 특별한 요청이 있었기 때문에 특별한 건축물로 탄생한 것 같다. 나한테 어울리고 잘 맞는 공간은 뭘까? 건축을 더 배워서 나한테 맞는 집도 디자인해 보고 싶다는 생각이 들었다.

썬의 일기

오늘 수랑 첫 번째 건축 수업을 했다. 사실 건축에 대해 아는 것도 없고 그냥 건물을 짓는 거라고만 생각했는데 완전히 새로운 세상을 만난 거 같다. 나는 내가 살고 있는 집이 전부라고 여겼는데, 세상에는 정말 다양하고 독특한 집들이 많다는 것을 알았다. 내가 살고 있는 콘크리트로 지어진 아파트는 수많은 건축물 중의 하나였다. 나는 당연히 다른 집들이 다 우리 집 같을 거라고 생각했다. 우리 옆집 그리고 밑의 집도 우리 집이랑 똑같은 구조라서 그렇게 생각을 했나 보다. 건축가가 지어 놓은 공간에 맞춰서 사는 게 아니라 그 공간에 사는 사람들이 자신의 활동과 라이프 스타일에 맞게 공간을 바꿀 수 있다는 게 너무 흥미로웠다. 그런 공간에 살면 내가 그 공간을 더 잘 이해하고 주도적으로 사용할 수 있을 것 같다. 특히 바퀴가 달린 방이 있으면 기분에 따라 내 방을 부엌 옆이나 창문 옆으로 움직이면 재미있을 것 같다는 생각이 들었다. 공간이라는 것은 당연히 고정되어 있는 것이라고 생각했는데, 이렇게 유연한 것이었다니…. 건축의 새로운 면모를 발견한 거 같다. (사실 아는 것도 없었지만) 앞으로 집들을 방문할 때마다 새로운 시선으로 바라보게 될 것이다. 세상을 바라보는 재미있는 시선이 생긴 거 같아서 기분이 좋다.

커튼벽 집
Curtain Wall House

반 시게루 | 일본 도쿄 | 1995년

건물 외벽이 커튼으로 이루어진 집. 외부에 최대한 개방되어 있고 필요에 따라 커튼과 실내 유리문으로 외부와 내부를 차단할 수 도 있다. 일본 전통 집은 쇼지 shoji라는 창살 이 있고 빛이 들어올 수 있는 창호지 문과 퓨스마 fusuma라는 창살이 없고 비치지 않는 문, 이 두 겹의 문으로 외부와 내부 공간이 분리된다. 커튼벽 집은 이런 일본의 전통 집을 유리와 커튼 천과 같은 현대적인 재료 로 재해석했다.

www.shigerubanarchitects.com

발가벗은 집

Naked House

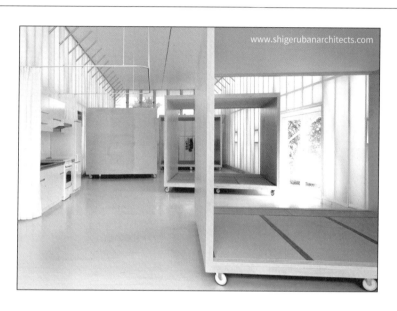

www.shigerubanarchitects.com

반 시게루 ㅣ 일본 가와고 ㅣ 2000년

다섯 식구가 개인의 생활을 할 수도 있고 다 같이 활동할 수도 있는 유연한 공간을 가진 개인 집이다. 2층 높이의 높은 천장 아래 네 개의 바퀴 달린 방이 있어서 용도에 따라 방을 자유자재로 움직여서 사용할 수 있게 하였다.

반 시게루 Shigeru Ban, 1957년-현재

일본 건축가로 미국에서 건축 공부를 했으며 세계 최고의 건축상 프리츠커를 받았다. 반 시게루는 종이 튜브나 천과 같이 저렴하고 재활용이 가능한 건축 소재를 사용해 난민 보호소를 만들어 난민들을 구제했다. 환경을 생각하면서 건축의 미를 추구하는 건축가이다.

리트펠트 슈뢰더 집

Rietveld Schröder House

게리트 리트펠트 | 네덜란드 위트레흐트 | 1924년

© Hay Kranen

슈뢰더 집은 가구 디자이너였던 게리트가 처음 설계한 집이다. 슈뢰더 집은 데 슈틸이 추구하는 예술 세계관을 건축적으로 표현한 작품이다. 건물의 외부와 내부의 연결이 자연스럽고, 가로 세로 라인이 깔끔하며 원색인 흰색, 노란색, 빨간색, 검은색으로 포인트를 주었다.

©Stijn Poelstra

게리트의 대표작
빨강 파랑 의자

게리트 리트펠트 Gerrit Thomas Rietveld, 1888~1964년

게리트 리트펠트는 네덜란드 건축가이자 가구 디자이너이다. 처음 가구 디자이너였다가 건축을 배우고 데 슈틸 예술 운동 그룹에 들어가서 활동하였다. 그의 대표작은 빨간색 등받이와 파란색 엉덩이 판으로 이루어진 빨강 파랑 의자Red and blue chair(1917)와 슈뢰더 집이다. 그의 작품들은 데 슈틸 예술 세계에 영향을 받아 수평과 수직으로 이루어진 순수한 조형 형태와 빨강, 파랑, 노랑, 검정과 같은 원색이 많이 사용되었다.

2

학교
자유로운 형태와 크기

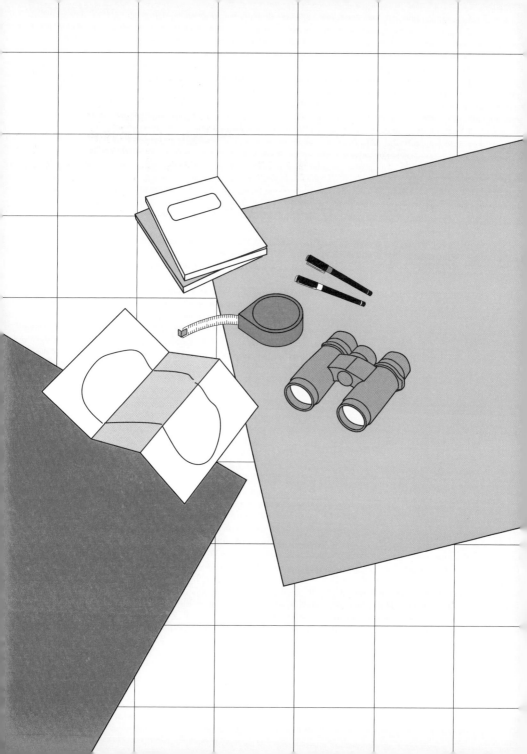

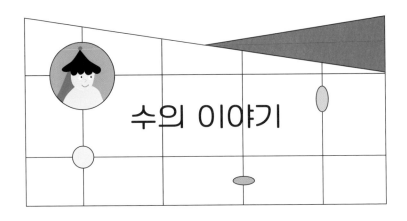

수의 이야기

네모 세모 동그라미 형태의 학교,

　오늘은 두 번째 건축 수업이 있는 날. 수업 종이 울리기가 무섭게 썬과 할머니 집으로 뛰어갔다.

　"할머니, 학교에서 수업을 듣다가 이런 생각이 들었어요. 왜 학교는 재미있는 공간이 될 수 없을까? 저희 학교만 해도 직사각형 건물에 네모난 형태의 교실들이 새장같이 바로 옆에 다닥다닥 붙어 있는데 숨이 막히고 답답해요. 교실은 꼭 네모난 공간에 칠판만 바라보게 책상과 의자를 배치해 놓아야 할까요? 좀 더 학생들이 자유롭게 움직이고 돌아다니고 배움을 즐길 수 있는 공간으로 만들 수는 없는 걸까요?"

나는 할머니를 보자마자 인사도 잊은 채 물었다.

"허허, 우리 수가 학교에 대해 많은 생각을 했나 보구나."

"네. 예전 같았으면 그냥 아무런 생각 없이 학교를 다녔을 텐데, 건축을 배우고 나서부터는 공간에 관심이 많아지고 의문이 생기더라고요. 우리 주변에 있는 건축들을 지금까지는 있는 그대로 그러려니 하고 봤는데, 이제는 다른 형태여도 좋지 않을까? 나라면 어떤 식으로 공간을 디자인할까? 라는 생각을 하게 되었어요."

썬도 내 이야기에 공감했다.

"엇! 나도 그래. 안 그래도 요 며칠 간 집에서 학교 가는 길에 있는 건물들을 유심히 보게 되고 안 가던 길로도 가 보고 학교 건물이 세모 모양이면 어떨까? 그러면 뾰족한 각으로 이루어진 공간은 어떻게 사용하면 좋을까? 이런 생각들을 하게 되더라고."

"너희들, 많은 발전이 있었구나. 대견하네. 건축 수업을 한 보람이 있어. 안 그래도 오늘은 다양한 학교 건물에 대해 알아보려고 한단다. 너희들이 아까 말했듯이 보통은 직사각형 형태의 학교를 많이 볼 수 있잖니. 하지만 재미있는 형태를 가진 학교들도 많이 있지. 오늘은 그 학교들을 보러 가 볼까?"

"네! 좋아요!"

썬과 나는 힘차게 대답했다.

"일단 내 차에 타렴."

할머니는 경쾌한 걸음으로 차 쪽으로 갔다. 할머니는 언제나 활기가 넘치신다. 어디서 저런 에너지가 나오는 걸까.

할머니의 차는 할머니만큼이나 평범하지 않았다.

"할머니 차 너무 귀여워요. 이런 차는 처음 봐요."

"맞아요. 할머니는 옷도 늘 특이하고요. 건축가들은 원래 다 좀 독특한가요?"

썬이 물었다.

"그렇게 보이니? 건축가들은 디자인을 하는 사람들이다 보니 시각적인 부분에서 좀 까다로운 경우가 많긴 하단다. 새롭고 재미있는 아이디어를 좋아하는 경향도 있고."

"역시 특이한 사람들이군요. 그래서 새로운 시도도 많이 하나 봐요. 덕분에 건축물을 구경하는 게 너무 재미있어요. 오늘 가는 곳은 또 어떨지 너무 설레요."

썬은 한껏 들떠 보였다.

"오늘은 학교 두 군데를 갈 건데 첫 번째로 가는 학교는 좀 색다르게 생겼단다. 어딘지 한번 맞혀 보렴. 밖을 잘 관찰하다가 독특하게 생긴 건물이 있으면 아마 그곳일 확률이 높을 거야. 고속도로에서 잘 보이게 디자인된 건물이거든."

운전하시던 할머니가 고속도로에 진입하면서 말했다.

어떻게 색다르게 생겼을까? 둥글둥글한 형태 아니면 뾰족뾰족하게 생겼으려나? 머릿속에 여러 가지 형태들이 이것저것 떠올랐다. 빠르게 지나가는 풍경에 우리는 건물을 놓치지 않기 위해 최고로 집중했다.

"할머니, 너무 빠르게 달리시는 거 아니에요? 속도 좀 줄여 주세요."

얼마 지나지 않아 스키 점프대같이 보이는 은색의 타워가 고속도로 벽 너머로 나타났다. 꼭대기는 네모 형태였고 밑에 타워 부분은 삼각형, 그리고 공중에 떠 있는 은색의 리본이 타워를 둘러싸고 있었다. 뭐라고 한 마디로 설명이 잘 안 되는 형태였다. 저게 학교일 수 있을까?

"할머니, 설마 우리가 갈 학교가 저기 오른쪽에 있는 거예요?"

나는 손가락으로 가리키며 물었다.

"오, 굿! 찾았구나. 우리가 오늘 첫 번째로 가는 곳이 바로 저기 하이스쿨 9 Highschool #9야."

"우아, 저게 고등학교라고요? 스키 점프대 아니에요?"

"박물관처럼 생기지 않았어?"

썬은 차 창문에 붙어서 뚫어져라 건물을 쳐다보며 말했다.

"근데 왜 저 건물은 고속도로에서 잘 보이게 디자인된 거예요?"

"시에서 지원하는 공립 예술학교라서 그런 거 같아. 시에서 예술을 지원한다는 것을 널리 알리기 위해 멀리서도 잘 보이게 표현한 게 아닐까? 에펠탑처럼 어디서든 잘 보이는 상징적인 건축물인 거지."

"빨리 가 봐요!"

나는 할머니를 재촉했다.

"이 녀석들이, 아까는 속도 좀 줄이라더니."

할머니를 따라 입구에 도착해 보니 학교 건물 두 개가 나란히 있었다. 왼쪽의 진한 회색 건물에는 동글동글한 동그라미 창문들이 자유롭게 벽에 배치되어 있었고 오른쪽 건물은 전혀 다

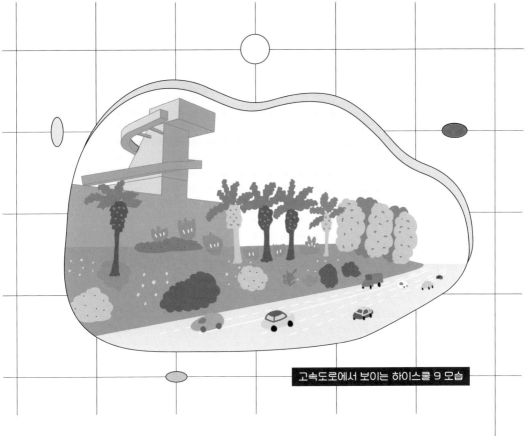

르게 생긴 형태로 한 마디로 표현하기 어려운 역동적 느낌에 유리와 연한 은색 쇠로 이루어져 있었다. 삐뚤빼뚤한 형태 때문에 건물이 춤추고 있는 것 같은 느낌도 들었다.

오른쪽 건물의 뒤쪽으로 고속도로에서 본 미스터리 타워가 있었다.

"왼쪽? 오른쪽? 어떤 게 학교 건물이에요?"

"당연히 두 개 다 학교 건물이지. 자 들어가 볼까?"

할머니는 성큼성큼 걸어 우주선에 탑승하듯이 미래 공상과학 영화에나 나올 것 같은 두 건물들 사이의 입구를 통과했다.

우리도 따라 입구를 지나자 넓은 학교 안마당이 눈앞에 펼쳐졌다. 수업이 방금 끝났는지 마당은 학생들로 북적였다. 마당 곳곳에서 수다를 떨거나 이곳저곳을 뛰어다니고 있었다. 활기찬 느낌이었다. 주변을 더 둘러보니 안마당을 둘러싸고 있는 건물들과 그 중심에 있는 은색의 기울어진 원뿔 형태의 건물이 눈에 들어왔다.

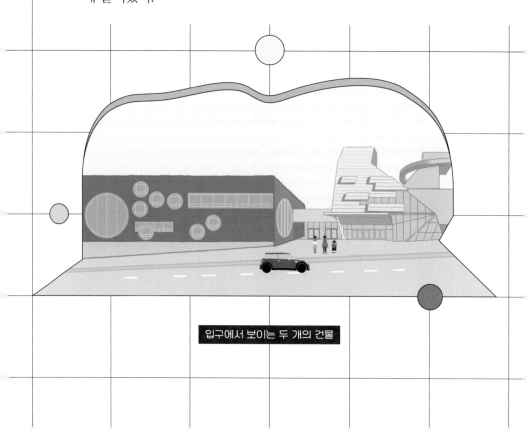

입구에서 보이는 두 개의 건물

"여기가 학교 안인가요?"

안마당에 도착해서 할머니에게 물었다.

"우리가 서 있는 이곳은 학교의 중앙 마당이란다. 일반 시민들도 들어와서 사용할 수 있는 공공장소이기도 하지. 학교가 도시와 분리되어 있지 않고 자연스럽게 연결이 되어 있단다. 이 학교는 예술학교라서 학생들이 행사를 많이 진행하는데 극장 건물에서 학생들의 공연이 있는 날이면 시작하기 전이나 끝나고서 친구들과 가족들이 모여서 이곳 중앙 마당에서 시간을 보내곤 하지."

"아, 아까 공립 예술학교라고 하셨던 거 기억나요."

썬이 말했다.

"저희가 다니는 학교 건물과 운동장은 학생과 선생님들 외에는 아무도 들어오지 못하게 막는데 여기는 일반 시민들과 공유할 수 있다니, 좀 색다르네요. 근데 여기 있는 다른 건물들도 다 학교와 관련된 건물들인가요?"

"그럼. 이 학교 건물은 총 7개로 이루어져 있어. 보다시피 형태도 제각각이지. 아까 입구에서 본 두 건물들, 그 앞에 위치한 원뿔 형태의 도서관 건물, 그리고 직사각형 형태의 교실 건물들과 체육관이 둘레에 자리잡고 있어."

"건물이 7개나 있다고요? 왜 건물들이 7개로 나눠진 거죠?"

"그게 바로 이 학교 건축의 포인트야. 건물들이 나눠져 있으면 여러 가지 장점이 있지. 첫 번째로는 수업이 하나 끝나면 다음 수업을 가기 위해서 다른 건물로 이동을 해야 하는데 그때 건물과 건물이 이어져 있지 않으니 밖으로 나가야 되잖아. 그러면 학생들이 바깥 공기도 마시고 햇빛을 볼 수 있게 되어 기분

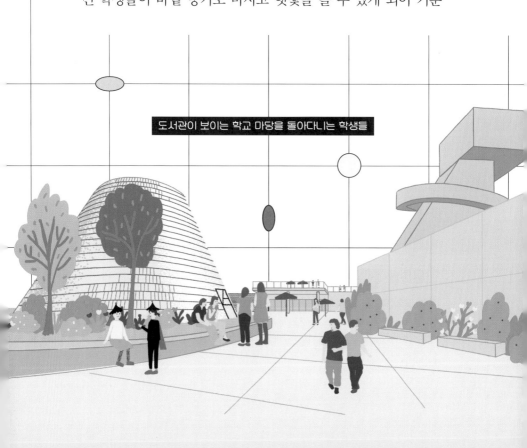

도서관이 보이는 학교 마당을 돌아다니는 학생들

전환도 되고 활동적이게 되는 거지. 너희들도 실내 공기만 마시고 한 공간에만 앉아 있으면 좀 답답하고 따분하지 않니?"

"맞아요. 날씨가 좋은 날엔 밖으로 바로 뛰어나가고 싶은데 저희 교실들이 다 실내 복도로 연결돼 있고 나갔다가 들어올 시간도 부족해서 점심시간 때밖에 밖에 못 나가요."

썬이 할머니에게 볼멘소리를 했다.

"두 번째로는 교실들이 복도로만 이어져 있는 게 아니라서 좀 더 자유로운 동선을 만들어 낼 수 있어. 입구에서 본 동그란 창문이 많은 건물에서 저 끝에 있는 직사각형 건물까지 이 큰 마당을 통해 가려면 가는 방법이 얼마나 많겠니? 가다 보면 새로운 친구들도 자연스럽게 만날 수 있고. 다양한 공간을 경험할 수 있는 기회도 생기겠지?"

할머니의 설명에 썬과 나는 고개를 끄덕였다.

"또 이 동네는 날씨가 일 년 내내 따뜻하고 비도 잘 안 오니까 이런 외부 공간을 많이 사용하는 디자인이 딱이지. 날씨와 기후도 디자인에 많은 영향을 끼친단다."

"너무 부럽다~. 저도 이 동네로 이사 올래요."

"나도 나도!"

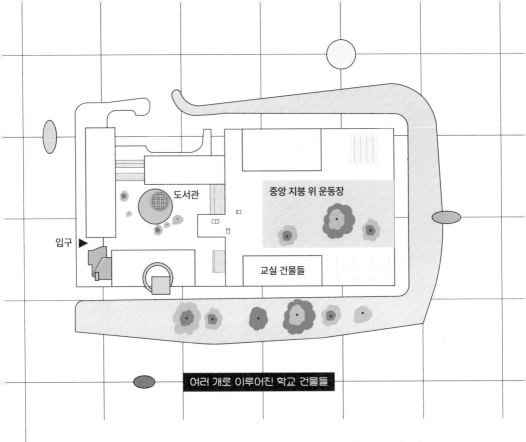

도서관

중앙 지붕 위 운동장

입구 ▶

교실 건물들

여러 개로 이루어진 학교 건물들

"마지막으로, 하나의 큰 건물이 아니라 작은 건물 여러 개로 나눠지면서 건물들이 휴먼 스케일이 되어서 학생들이 건물에 좀 더 친밀감을 느낄 수 있게 되었지."

"휴먼 스케일이 뭐예요?"

"아, 너희들 '스케일이 크다, 작다'라는 표현 들어 봤지? 스케일이라는 것은 어떤 특정 기준의 치수와 비교해서 크기를 표현하는 방식이야. 건축에서 휴먼 스케일이라고 하면 휴먼, 곧 사람의 치수를 기준으로 해서 건축물의 크기가 디자인되었다는 뜻이야.”

우리가 갸우뚱한 표정을 짓자 할머니가 설명을 이어 나갔다.

“쉬운 예로 들자면 집과 학교가 크기가 다른 이유는 기준 치수와 용도가 다르기 때문이야. 집은 사용하는 사람이 몇 명 없고 사용자에게 아늑한 느낌을 주는 게 중요하니까 공간들이 비교적 작고 천장도 낮지.”

“맞아요. 천장이 높은 집에 가 본 적이 있는데 아늑한 느낌이 들지 않았어요.”

“많은 사람들이 이용하는 공공 건물은 더 스케일이 커지겠지. 더 많은 사람의 치수를 기준으로 하니까 문도 더 크고, 복도도 넓고, 화장실도 더 크고, 창문도 크고.”

“아하! 이해가 돼요!”

“하지만 공공장소라도 많은 사람들을 한꺼번에 수용하기 위해 공간들이 너무 커지다 보면 정신적으로 불안정하고 불편함이 들 수도 있어. 그래서 이 학교는 그걸 방지하기 위해 학생들이 학교에서 좀 더 아늑한 느낌을 가질 수 있도록 건물을 작게 나눠서 휴먼 스케일을 강조한 거야.”

"그런 이유가 있었군요. 아까부터 편안한 느낌이 들었는데 이렇게 설명을 들으니 더 마음에 들어요, 이 학교."

"그러니? 직관적으로 공간을 느끼는 것도 중요하지만 의도를 파악하는 것도 건축물을 이해하는 데 도움이 된단다."

우리가 건물에 대해 느끼는 느낌도 건축가가 의도한 바라니, 조금 놀라웠다.

오른쪽은 할머니의 치수에 좀 더 적합한 크기의 가구와 집

왼쪽은 할머니의 몸 치수와 용도에 부적합하게 큰 가구와 집

"건물의 스케일이 사용자의 신체 치수와 용도에 부적합하면 사용자가 신체적으로 불편함을 느낄 뿐만 아니라 심리적으로도 불편하고 어색한 느낌이 들어. 건축가들은 공간의 치수를 정할 때 이런 점을 매우 중요시한단다. 너희가 흔히 접하는 건물들도 이런 점을 고려해서 디자인돼 있어. 앞으로 다니면서 잘 살펴보렴."

"저희가 지금 다니는 학교의 크기에 대해 생각해 본 적은 없지만 그다지 친밀감을 느껴 보진 못했어요. 그런데 이렇게 한눈에 따로따로 들어오는 작은 건물들을 보니까 왜 그랬는지 알 것 같아요."

썬이 말했다.

"아까 들어올 때 오른쪽에 있는 건물을 보니 형태가 재미있어서 춤추고 있는 것처럼 느껴졌어요. 건물이 신나 있는 거 같았어요. 덩달아 저도 신이 나더라고요."

"오호, 건물이 춤을 춘다니, 멋진 표현이구나! 이곳 건물 형태가 다 독특하지?"

"네, 할머니. 저는 저 건물이 아까부터 궁금했어요. 우리 저 건물에 들어가 볼 수 있을까요?"

썬이 은색으로 빛이 나는 원뿔 형태의 건물을 가리켰다.

"썬, 네가 저 건물을 좋아할 줄 알았어. 너 동그란 형태 좋아하잖아. 옷도 땡땡이 무늬가 들어간 걸 좋아하고 말야."

"히히, 맞아."

내 말에 썬이 멋쩍은 듯 웃었다.

"건물 안에는 일반인들은 들어갈 수 없긴 한데 내가 미리 얘기해 놔서 우린 들어갈 수 있지. 참고로 저기는 학교 도서관 건물이란다."

"와, 역시 할머니. 멋져요!"

"뭐, 이 정도 가지고. 호호. 어서 들어가 보자."

하나의 큰 공간으로 오픈되어 있는 내부는 하얀색 벽에 천장이 높고 빛으로 가득했다.

"우아! 여기 내부는 생각보다 굉장히 넓고 밝아요. 겉에서 보기에는 창문이 없어서 어두울 줄 알았는데 안은 밝고 경쾌한 분위기인 게 반전이네요."

"천장에 있는 큰 원형 채광창으로 들어온 빛이 모서리가 없는 흰색 곡선 벽에 반사되면서 공간을 전체적으로 밝게 만드는 거야. 모서리가 있으면 어두운 구석이 생길 수도 있는데 벽이 전체적으로 곡선이니까 어두운 구석 없이 빛이 더 자연스럽게 반사되면서 모든 공간 전체가 일괄적으로 밝아지게 되는 거지. 또 흰색은 빛을 가장 잘 반사시키는 색이라서 효과가 더 크다고 볼 수 있어."

"밖에서 보기에는 역동적이고 좀 낯선 느낌이었는데 실내는 안정적이고 집중이 잘되는 공간 같아요. 우리 학교에도 이런 도서관이 있으면 매일 갈 텐데."

나 역시 썬처럼 부러웠다.

"도서관이 이런 형태를 가진 특별한 이유가 있을까요?"

"원뿔 형태처럼 보이지만 약간 비스듬하게 기울어진 건물 형태가 생동감을 주지 않니? 똑바른 직각의 선보다 비스듬한 대각선이 좀 더 역동적인 느낌을 주거든."

"도서관을 밖에서 봤을 때 고개가 자연스럽게 건물을 따라 기울어지면서 갸우뚱한 느낌도 들고 재미있는 생각이 떠올랐어요."

"그랬구나. 도서관이 재미있어 보인다면 많이들 오겠네. 도서관은 지식을 상징하는 공간이잖아. 학교 마당 중앙에 위치해 있어서 도서관이 교육의 중심이라는 것을 보여 주고 있지."

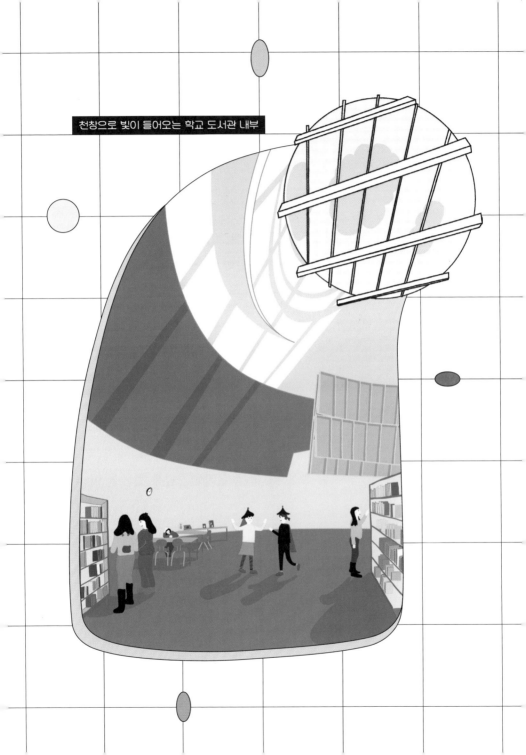

천창으로 빛이 들어오는 학교 도서관 내부

"아하, 네. 조용한데다가 따뜻한 채광 때문인지 좀 졸려요. 여기서 낮잠 자고 싶어요."

눈꺼풀을 비비며 하품을 하는 내 모습을 보고 할머니는 우리 둘을 끌고 밖으로 나왔다.

"안 되겠군. 우리 나가자. 오늘 봐야 할 게 많아."

우리는 기울어진 원뿔 형태의 도서관에서 나와 다시 마당으로 갔다. 마당 옆에는 또 다른 마당이 있었는데, 계단을 올라가면 있는 다른 높이의 마당이었다.

"나와서 다시 보니 마당이 2층으로 이루어져 있네요."

"그렇단다. 이어져 있는 넓은 공간이지만 층이 나눠지면서 공간이 분리가 되고 다양한 공간들이 만들어지지. 2층 마당 아래로는 카페테리아 공간도 있어. 저기 2층 마당 바닥에 튀어나와 있는 기울어진 네모 상자들은 아래 공간의 카페테리아에 빛을 전달해 주는 천창들이야."

"이 학교는 똑바른 벽이 하나도 없네요. 천창들도 기울어진 네모 상자들이라니!"

"바다에 둥둥 떠다니는 보물상자들 같아요."

썬도 흥미롭다는 듯 눈썹을 치올렸다.

"건물 하나하나가 다 특별하네요. 우리가 늘 보는 익숙한 네모네모한 공간에 직각 벽이 있고 세모 지붕에 네모난 창문이 있는 그런 공간이 아니라 정말 다양한 형태의 공간이 많아요."

"이런 유니크한 건물들이 상상력을 자극하는 것 같지 않니? 이것 또한 건축가가 의도한 걸 거야. 특히 예술을 공부하는 학생들이 다니는 고등학교다 보니 더욱 그런 다양성과 예술성에 신경을 썼겠지?"

"네. 정말 건물들의 모습이 흥미로워요. 특히 이 건물은 한마디로 표현할 수 있는 전체적인 형태 같은 게 없어요. 특히 이 타워는 네모 형태도 있고 세모 형태도 있고 곡선도 있는데 다 따로 노는 것 같고요."

썬이 앞의 타워를 가리키며 말했다.

"그게 건축가의 의도야. 형태가 일반적인 규칙에서 벗어나 뭐라고 쉽게 설명이 안 되는 그런 건물 디자인을 했지. 이 건물은 오스트리아 건축회사 쿱 힘멜블라우Coop Himmelb(l)au의 창립자 중 한 명인 건축가 울프 프릭스Wolf Prix가 디자인했는데 손꼽히는 해체주의 건축가이지."

"해체주의요? 해체한다고 하면 아이돌 그룹이 해체하는 그

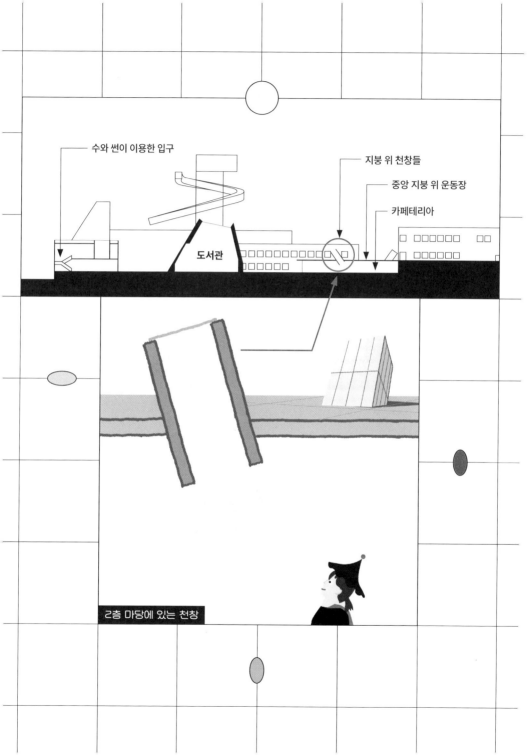

수와 썬이 이용한 입구

지붕 위 천창들

중앙 지붕 위 운동장

카페테리아

도서관

2층 마당에 있는 천창

런 해체요? 그게 건축이랑 어떻게 연관이 있죠?"

"건축에서 말하는 해체는 간단하게 말해서 명확하고 단순한 형태를 여러 개의 조각으로 나누고 폭파한다는 뜻이란다. 해체주의는 기존에 있는 건축의 규칙을 깨부쉈다고 할 수 있지. 1980년대 후반 해체주의가 생겨날 즈음에 주류를 이루던 모던 건축물들은 실용성을 생각해서 단순하고 기능적인 디자인을 중요시했어. 그래서 기능에 도움이 안 되는 것들은 다 쓸모없다고 여겨서 군더더기 없고 단순한 형태의 건물들을 디자인했지. 마치 건축물을 효율적인 기계와 같이 생각한 거야."

"그러면 너무 재미없는 건물들만 생기지 않을까요? 저는 좀 더 재미있고 유머러스한 건물이 좋은데."

"수와 같은 생각을 하는 사람들이 있었어. 모던 건축물에 반발하는 포스트모던 건축가들이었지. 울프 프릭스도 포스트모던 건축 운동의 일부인 해체주의 건축 디자인을 추구하는 건축가야. 건축은 순수한 기계를 넘어서서 우리 사회의 다양한 모습을 3차원 형태로 표현하는 예술과 같다고 생각했어."

"아, 그래서 형태가 자유롭게 날아다닌다는 느낌을 받았나 봐요."

"근데 저 타워 안에는 뭐가 있어요? 거기에도 교실이 있나요?"

나는 아까부터 내내 궁금했던 걸 물었다.

"타워랑 타워를 둘러싸고 있는 리본은 사실 기능적인 용도는 딱히 없고 역동적인 느낌을 주면서 상징적인 역할을 하고 있지. 시에서 예술을 지지한다는 것을 상징적으로 보여 주는 거란다. 이 역동적인 형태들은 처음 여기 올 때 고속도로에서 발견했듯이 멀리서도 잘 보이지."

"시각적인 역할도 기능 아닌가요? 예술고등학교 학생들의 넘쳐나는 예술성과 자유로운 성향을 공간에 그대로 표현한 것 같아요. 건물이 생명이 있다면 춤을 추고 점프를 할 것 같아요. 예술 조각품 같은 느낌도 들고요. 이 학교 학생들과 잘 어울려요."

"오! 그렇게 생각할 수도 있지."

할머니는 흥미롭다는 듯 눈썹을 꿈틀거렸다.

"저는 뭔가 확실한 형태가 없는 점이 혼란스러워요. 집중하기가 힘들고 너무 괴팍한 느낌인 거 같아요. 제 취향은 아니에요. 이 학교 건물은 좋은 건축물인가요?"

썬은 고개를 갸우뚱했다.

퐁피두 센터

모던 건축

1920년대에서 시작된 전 세계적 건축 운동. 특히 제2차세계대전 이후에 기술과 건설 자재의 발전을 기반으로, 기능과 효율성을 중심으로 디자인한 건축물들이 주를 이루었다. 기능과 관련이 없는 장식과 형태를 거부해서 전통적인 건축물들과 대조가 되는 깔끔하고 간결한 건축을 추구했다. 외관이 철과 유리로만 이루어진 고층 빌딩이 그 예로, 현대 한국에서도 가장 흔한 건축 양식이다. 대표적인 건축가로 전설적인 건축가 르 코르뷔지에Le Corbusier, 발터 그로피우스Walter Gropius 등이 있다.

포스트모던 건축

모더니즘의 단순하고 진지한 디자인에 반발하여 1960년대에 시작되었다. 벽돌 같은 전통적인 재료와 유리나 강철 같은 현대적인 재료를 혼합해 사용했으며, 다양하고 재미있는 형태와 색을 입힌 건축물로 프랑스 파리의 퐁피두 센터Pompidou Center 등이 대표적이다. 1990년대 후반에는 하이테크 건축, 신미래주의, 신고전주의 건축, 해체주의 등 다양한 경향으로 나뉘었다.

"재미있는 질문이네. 모든 사람들이 다 똑같은 걸 좋아할 순 없으니 당연히 마음에 안 들 수 있지. 특이하거나 새로운 시도를 한 건축물들은 늘 찬사와 비난을 동시에 받게 돼. 건축을 가장 정확히 평가할 수 있는 방법은 아마 건축물을 매일 쓰는 사용자의 의견을 들어 보는 거겠지? 건축물은 그들을 위해서 만들어진 거니까. 이 학교는 선생님들과 학생들을 위해 만들어진 건물이니 그들을 인터뷰해 보면 이 건물이 좋은 건물인지, 아닌지 알 수 있을 거야."

학교 건물들을 다 둘러보고 차로 돌아오는 길에 여러 가지 생각이 들었다. 건축이라는 것은 좋고 나쁨을 한 사람이 정할 수 있는 게 아니다. 할머니가 말했듯이 그곳을 사용하는 사람들의 의견, 그리고 그곳을 우연히 우리처럼 지나가는 사람들이 느끼는 감정을 통해 그 건축물은 재미있는 건축물이 되기도 하고 불편하고 사용하기 힘든 건축물이 되기도 한다. 이 건축물이 좋은 건축물일까, 라는 질문은 어쩌면 처음부터 답이 없는 질문인 거 같다는 생각이 들었다. 학교를 사용하는 학생인 나에게 우리 학교는 어떤 건축물인지 곰곰이 생각해 보았다

도넛 모양의 학교, 후지 유치원

할머니는 차 시동을 켜고 더위에 지친 우리들에게 음료수를 하나씩 건네셨다.

"땀 좀 식히고 다음 학교를 방문해 볼까? 다음으로 갈 학교는 어린 시절로 돌아가 볼 수 있는 곳이지. 바로 유치원이야."

"아! 유치원생일 때가 딱 좋았는데 그때로 돌아가고 싶다~. 시험도 없고 학원에 안 다녀도 되고 진학 걱정도 안 해도 됐었는데. 고민거리 없었던 그때가 그립구먼. 우린 너무 늙었어."

"맞아, 슬프다."

옆에서 썬이 진심 공감하는 표정으로 말했다.

"너희들 할머니 앞에서 그런 말이 나오니? 허허! 무슨 고민이 그렇게 많아? 썬부터 얘기해 보자. 가장 큰 고민이 뭐니?"

"저는 장래에 뭐가 될지 잘 모르겠어요. 저 빼고 주변에 다들 되고 싶은 게 확실한 것 같은데 저는 관심사도 너무 많고 이것도 되고 싶고 저것도 되고 싶고 마음이 왔다 갔다 해서요."

썬이 한숨을 푸욱 쉬었다.

"좀 더 자유롭게 생각해 보면 어떨까? 꼭 한 가지만 해야 되는 건 아니잖아. 그리고 너희 나이에는 하고 싶은 게 많은 게 더 좋고 자연스러운 거야. 건축가 겸 디자이너인 찰스 임즈Charles Eames가 한 말 중에 이런 말이 있어. '너의 즐거움을 진지하게 대하라Take Your Pleasure Seriously'."

할머니는 우리를 다정하게 바라보시며 말을 이었다.

"임즈는 유쾌한 디자인을 하는 건축가로 유명해. 그는 늘 재미있고 새로운 디자인을 했지. 너희도 너무 어렵게 생각하지 말고 너희들이 좋아하는 거에 집중하고 자유롭게 생각하면 좋겠구나. 그러다 보면 자연스럽게 너희들이 하고 싶은 게 뭔지 더 확실해질 거야."

"내가 즐거워하는 거를 진지하게 대하라…. 그래 볼게요."

확실히는 모르겠지만 어떤 느낌인지 알 것 같았다. 마음이 가벼워졌다.

수다를 떨면서 가다 보니 새로운 건물 앞에 도착했다.

"이 건물은 외벽이 다 유리네요? 그리고 벽이 휜 건가요?"

건물 가까이 다가간 썬이 유리 벽에 이리저리 얼굴을 비추었다.

"여긴 후지 유치원Fuji Kindergarden이란다. 자유로움을 중시하는 곳이지. 이 건물은 타원 형태로, 직선으로 된 외벽이 하나도 없단다. 그럼 들어가 볼까?"

할머니는 자연스럽게 문을 여셨다.

"근데 할머니는 여기도 아는 사람이 있는 거예요? 혹시 저희 몰래 침입하는 건 아니죠?"

썬과 나는 들어가길 머뭇거리며 물었다.

"하하, 걱정 마렴. 할머니가 예전에 어린이들 대상으로 건축 수업을 했었어. 그때 여기 와서 수업을 한 적이 있거든. 그래서 미리 부탁을 드렸단다."

"어린이들을 위한 건축 수업이요? 그런 것도 하세요? 어린이들에게 건축은 너무 어려울 것 같은데요."

"전혀! 어른뿐만 아니라 어린이들도 자신들이 사용하는 공간의 의도와 의미를 아는 게 중요하거든. 너희들도 최근 건축을 배우면서 느꼈겠지만 건축은 어려운 게 아니야. 공간이나 빛에 대한 경험은 건축가뿐 아니라 누구나 하는 거니까. 좋은 공간은 나이에 제한없이 모두에게 좋은 영향을 주잖아. 그치?"

맞는 말이었다. 나는 고개를 끄덕이며 건물을 좀 더 자세히 살펴보았다. 건물은 타원 형태인데 특이하게도 도넛처럼 한가운

데가 뚫려 있었다. 빛으로 가득 찬 외부와 연결된 공간이었다.

"중앙은 외부 공간인가요?"

"그렇단다. 유치원의 운동장이야. 이 건물은 중앙에 구멍이 뚫려 있는 도넛 형태이지. 교실들은 원형 모양으로 빙 둘러서 있고."

유리문을 열어 교실 안에 들어가 보니 도넛 안쪽 운동장을 바라보는 벽면도 유리였다.

"와우, 교실 안에 이렇게 큰 나무가 있다니! 놀라운데요?"

나무를 발견한 썬이 놀라서 말했다. 나무 꼭대기가 지붕을 뚫고 올라가고 있었다.

"신기하지? 교실 전체에 세 개의 큰 나무가 있어. 이 나무들은 유치원이 생기기 전에 있던 나무들이고 나무의 위치에 맞춰 건물이 자리를 잘 잡은 거지."

"와우, 특이해요. 아까 교육 방식이 자유로움을 중요시한다고 하셨는데 이런 것도 교육 방식의 일부인가 봐요?"

"그렇단다! 좀 더 설명하려고 했는데 이미 알아차렸구나. 덧붙여서 설명하자면 이 유치원은 몬테소리 교육을 바탕으로 디자인된 건축물이야. 쉽게 말하면 아이들이 직접 교실과 주변을

교실 안에 있는 나무가
지붕 위까지 올라가 있다

자유롭게 돌아다니면서 새로운 것을 발견하고 탐험하는 것을 추구하고 있지. 그게 이 유치원의 교육 철학이야. 그래서 공간과 공간 사이의 경계가 적고 제한이 적어서 자유롭게 배우고 놀 수 있단다. 그리고 바이오필릭 건축Biophilic Architecture의 예시도 곳곳에 있어."

"바이오… 필릭 건축이요?"

나는 눈을 동그랗게 뜨고 할머니를 바라보았다.

"처음 들어 봤나 보구나. 바이오는 생물을 뜻하고, 필릭은 좋아한다는 뜻이야. 그러니까 바이오필릭 건축은 자연과 생물을 사랑하고 자연과 공존하는 건축이라는 말이지. 여기 교실 안에 있는 나무, 유리로 된 벽을 통해 들어오는 자연광, 인테리어에 사용한 소재는 모두 자연에서 온 것이지. 이런 바이오필릭 건축은 어린이 정서 안정에 도움이 되고 학습 능력을 키우는 데 효과적이라는 연구 결과가 있단다."

"아, 그렇군요."

썬과 나는 고개를 끄덕였다.

"자, 이것 좀 봐 봐."

할머니가 안쪽 통유리 벽으로 가까이 다가가 유리 벽을 옆으로 밀자 벽들이 겹겹이 쌓이면서 바로 앞에 있던 벽이 사라졌다. 내부와 외부를 구분하는 경계가 사라진 것이다.

"헐, 그 유리 벽들이 다 슬라이딩 문일지는 상상도 못 했어요."

"하하. 이 유치원의 마당을 향해서 있는 벽은 전체 다 유리 슬라이딩 문으로 되어 있어서 쉽게 안에서 밖으로 나갈 수 있어. 여기 유리 슬라이딩 문들은 일 년 내내 늘 열려 있단다. 외

부와 내부의 구분이 거의 없지. 마당도 교실의 일부라고 생각해
서야. 이 유치원은 모든 공간과 공간 사이의 연결이 자유로워.
기존의 교실들과 다르게 교실과 교실 사이가 벽으로 나누어져
있지 않고 나무 상자들을 쌓아 올려 공간을 분리시켰거든. 이
나무 상자들은 작고 가벼워서 아이들이 협동해서 주도적으로
옮기며 공간을 분리하고 정의할 수 있단다."

할머니는 쌓여 있는 나무 상자를 가리키며 말씀하셨다.

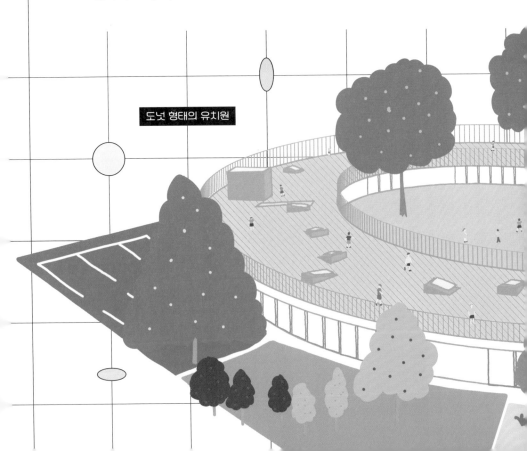

도넛 형태의 유치원

"미리 나누어져 있는 공간보다는 경계가 없는 넓은 공간을 주고 그 안에서 자율적이면서도 서로 협력을 하는 방법을 가르치려고 한 거야."

"아이들이 직접 자신들이 있는 교실을 디자인한다는 거네요."

나는 너무 놀라웠다.

"근데 이렇게 모든 공간들이 다 연결되어 있으면 사방에서 들리는 여러 소리들 때문에 조금 시끄럽지 않을까요? 다른 반

유리 슬라이딩 문을 열면 내부와 외부의 경계가 사라진다

수업 소리, 마당에서 뛰어다니는 아이들 소리 등등 정서적으로 불안할 것 같기도 한데요. 그리고 수업하다가 애들이 집중을 못 하고 도망가면 어떡해요?"

썬이 물었다.

"그것도 건축가인 테즈카 건축사무소Tezuka Architects랑 이 유치원 원장 선생님이 함께 의도한 거야. 아무 소리 없는 조용한 공간보다 조금의 소음이 있는 공간이 오히려 자연의 상태와 비숫하다고 생각했기 때문이지. 정글이나 자연 속에 가면 새 소리나 잎사귀 소리와 같은 잔잔한 소리가 항상 들리는 것처럼 말이야. 건축가는 '물고기는 정화된 물에서 살 수 없듯이 아이들도 깨끗하고 조용하고 통제된 환경에서 살 수 없다'라는 말을 했지."

"오, 멋진 생각을 가진 건축가네요!"

자유롭게 뛰어다니는 아이들을 보니 부럽다는 생각도 들었다.

"도넛 형태의 건물이 안정감을 주는 것 같아요. 아이들한테는 내부와 외부를 경계 없이 뛰어 놀 수 있는 자유로움을 주면서 동시에 또 중앙 마당이 학교 내 모든 공간에서 다 보이니까 선생님들 입장에서는 아이들을 관리하기 편할 것 같아요."

"어린이 시선에선 이해하기 쉬운 단순하고 재미있는 형태에 유연하고 자유로운 구조이기도 하지. 그리고 수가 말했듯이 안정감을 주는 틀 역할을 하기도 하고."

할머니는 설명을 이어 가셨다.

"단순해 보이는 이 건물의 형태는 교육적으로 여러 가지 역할을 해. 아이들이 자신이 속해 있는 환경을 쉽게 이해할 수 있고 또 직접 참여하고 공간에 영향을 줄 수 있다는 만족감과 행

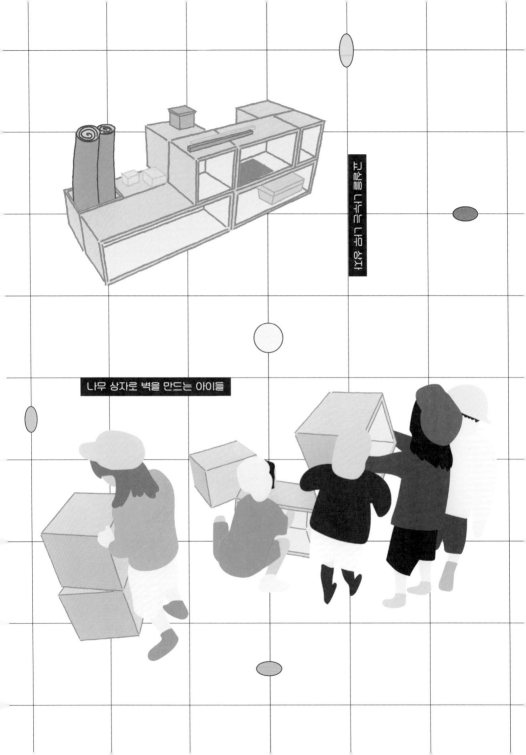

고실을 나누는 나무 상자

나무 상자로 벽을 만드는 아이들

복을 느낄 수 있게 해 주지. 저기 밖에서 노는 아이들이 그냥 노는 것 같아 보이지만 실은 여러 가지 경험을 하고 자유로운 틀 안에서 직접 자신만의 놀이를 만들고 친구들과 의견을 조율하는 법을 배우고 있는 거야."

"자연친화적이고 주도적인 체험을 중심으로 한 교육 방식과 철학이 이 학교 건물의 건축 디자인에 영향을 미친 거군요."

썬이 말했다.

"그리고 반대로 공간 건축이 교육과 어린이들 발달에 영향을 미친 거고요?"

"그렇지! 서로서로 밀접하게 영향을 주고받은 거지."

"근데 아까부터 생각한 건데 이 건물은 천장이 좀 낮은 거 같아요. 난 천장 높은 공간이 좋은데…."

썬이 까치발을 들면서 천장 높이를 재 보았다.

"관찰력이 좋구나. 먼저 본 고등학교에서 말한 휴먼 스케일 기억나니? 이 건물은 사용자인 어린이들을 위해 지어져서 어린이 스케일로 만들어졌기 때문이야. 어른들에게 맞추어진 일반 천장 높이는 어린이들의 눈높이에서는 너무 높다 보니 아늑한 느낌이 안 들지. 모든 건물은 사용자를 위해 만들어지고, 이 건물의 주 사용자은 우리보다는 키가 훨씬 작은 2~6세의 아이들이니까 아이들 눈높이에 맞춰서 디자인된 거야."

"아하, 그런 이유가 있었군요."

새삼 이 건물이 엄청 치밀하고 계산적으로 지어졌다는 생각이 들었다.

"이제 하이라이트가 남아 있는데 마당으로 가 볼까?"

할머니가 교실 유리문을 열고 중앙 마당인 운동장으로 나갔다. 우리도 할머니를 따라 중앙 마당으로 나왔다.

"이렇게 모든 교실이 바깥과 연결되는 게 너무 좋아요. 우리 교실도 운동장이랑 바로 이어지면 너무 좋겠다. 어, 그런데 지붕에 아이들이 있는 것 같은데? 저기도 올라갈 수 있는 곳인가요?"

놀랍게도 지붕에서 꽤 많은 아이들이 놀고 있었다.

"저기 미끄럼틀도 있고 계단도 있네?"

썬이 외쳤다.

"벌써 발견했구나. 지붕 공간은 놀이터야. 아이들이 끊임없이 뛰고 서로 잡고 놀이를 할 수 있는 공간이지. 동그란 형태니까 달리기하기에는 딱이겠지. 이 건물을 디자인한 건축가 부부가

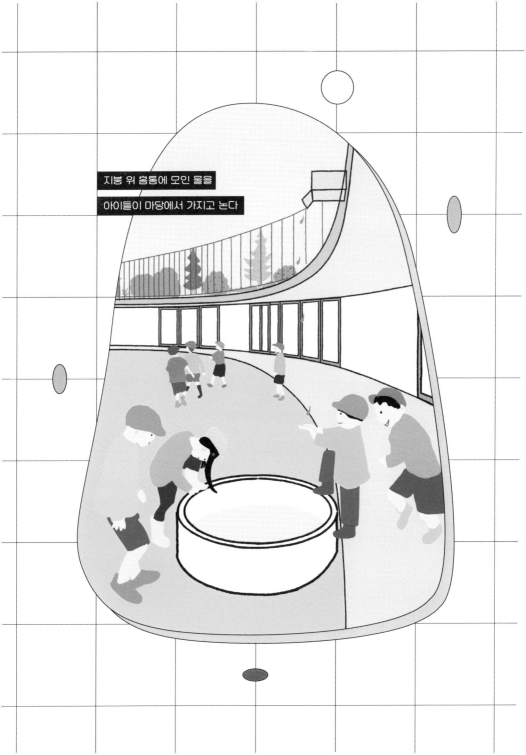

지붕 위 홈통에 모인 물을
아이들이 마당에서 가지고 논다

아무 이유 없이 계속 동그란 동선으로 뛰어다니는 자기 아이들을 보고 영감을 받아서 디자인한 거란다."

지붕 위로 올라오면 좀 무서울 것 같았는데 천장 높이가 낮다 보니 지붕도 그렇게 높지 않았다. 지붕 전체가 아이들 키보다도 높은 난간으로 둘러싸여 있어서 안전한 느낌이 들었다.

처음 보는 낯선 우리는 신경도 안 쓰고 깔깔거리며 아이들은 신나게 달렸다. 목적 없이 그냥 재밌어서 달리는 것 같았다. 그 모습을 보니 나도 그 사이에 끼어서 함께 달리고 싶은 생각이 들었다.

옆에는 교실에서부터 지붕까지 이어져 올라온 나무에 열 명도 넘는 아이들이 붙어서 올라갔다 내려갔다 하면서 놀고 있었다. 뭘 하는지는 잘 모르겠지만 자연과 함께하는 아이들이 너무 행복해 보였다.

"생각해 보니까 지붕도 바닥이네요. 지금까지 지붕은 그냥 건물의 뚜껑이라고밖에 생각을 안 했는데, 지붕을 달리기할 수 있는 놀이터로 사용하는 건 놀라운 생각의 전환이네요. 그리고 지붕하고 중앙 마당이 계단하고 미끄럼틀로 이어져 있어서 평범한 계단보다 아이들에게는 더 상상력을 자극할 것 같아요."

나는 어떻게 이런 생각을 했을까 몹시 궁금해졌다.

"근데 여기 네모난 것들, 천창인가요?"

썬이 지붕 위에 여기저기 흩어져 있는 네모난 형태를 가리키며 물었다.

"바닥이 지붕이고 거기에 천창들이 있는 게 방금 전에 보고 온 고등학교의 2층 마당 천창이랑 똑같아요."

"맞아! 아까 교실 안에서 천창들 봤지? 천창들이 있어서 교실에 자연광이 들어왔지. 그리고 가끔 상상하는 것을 좋아하는 친구들은 천창을 통해 하늘을 쳐다보기도 할 거야."

"좋겠다. 가끔 답답할 때 하늘을 보면서 멍 때리면 마음이 조금 안정이 되던데…"

나도 모르게 푸우 한숨이 나왔다.

"제가 다니던 유치원은 지금 우리가 다니는 중학교 건물이랑 비슷했어요. 사실 특별한 건 별로 없어서 기억은 잘 안 나는데 4층 정도 되는 네모난 콘크리트 건물이었고 그 앞에 운동장이 있었어요. 하지만 교실 안에서 지냈던 기억이 많아요. 교실에서 친구들이랑 장난감으로 놀고 교실 안에서 밥 먹고 그랬어요."

썬이 기억을 더듬었다.

나도 그랬다. 밖에는 위험하다고 해서 많이 못 나갔었다. 우리가 건물을 둘러보는 동안 아이들이 쉴 새 없이 뛰었다. 뛰다가 넘어져서 울기도 했지만 금방 일어나서 다시 친구들과 놀았다. 밖에서 놀다가 교실 안에 들어가서 놀기도 하고 다시 나와서 나무 위에 올라가기도 하고 유치원 내부와 외부가 하나의 큰 놀이터였다. 이렇게 큰 놀이터에서 많은 시간을 보낸 아이들은 더 큰 꿈을 꾸고 상상력을 끝없이 펼쳐 나갈 수 있을 것 같다는 생각이 들었다.

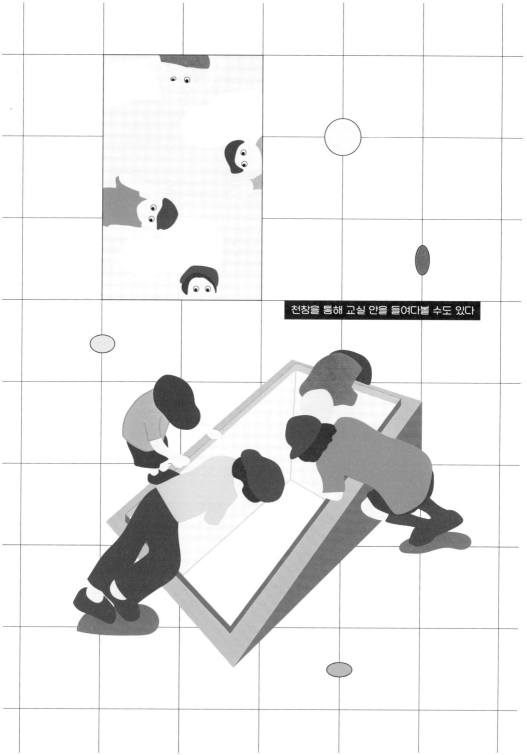

천창을 통해 교실 안을 들여다볼 수도 있다

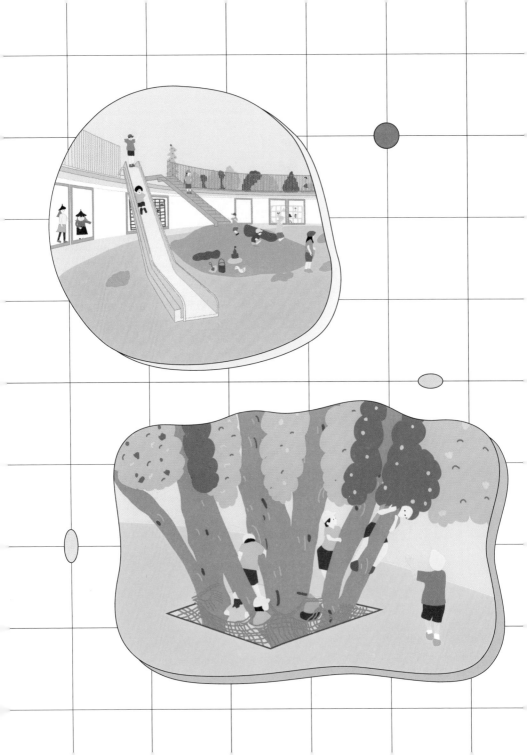

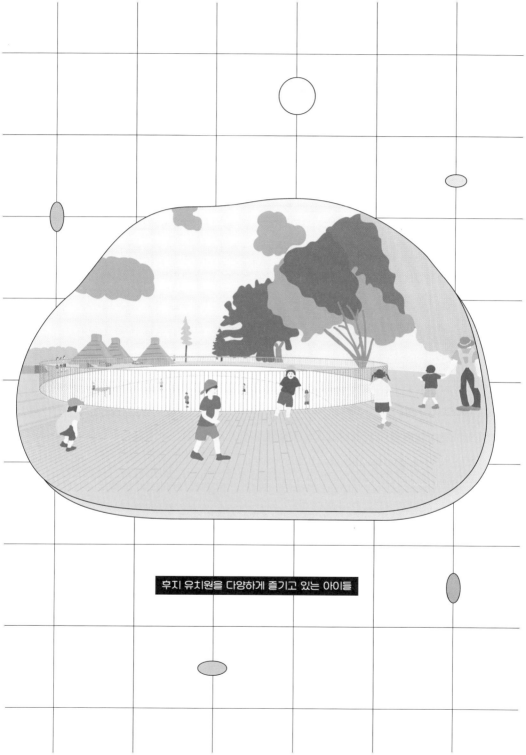

후지 유치원을 다양하게 즐기고 있는 아이들

수의 일기

    오늘 간 학교들은 둘 다 사용자에게 딱 맞춰서 디자인되었다는 점이 인상 깊었다. 특히 특정 나이대의 학생들을 위해 디자인되었기 때문에 여러 가지 요소들을 고려했다는 할머니의 말씀이 마음에 남았다. 만약 후지 유치원을 고등학교로 용도를 바꾸면 전혀 안 맞을 거다. 천장도 유치원생의 키에 맞춰져서 너무 낮았을 거고, 또 공간의 종류가 적고 단조로워서 고등학생들은 지루해하고 답답해할 것이다. 반대로 하이스쿨 9를 유치원으로 바꾼다면 유치원생들에게는 너무 위험한 건물이 될 것이다. 유치원생들이 여러 건물들 사이에서 길을 잃거나 교실을 못 찾는 경우도 생길 테니까. 사용자에게 최적화되어 재단된 건물이라는 점이 너무 마음에 들었다.

    형태적으로도 사용하는 학생들에게 잘 어울리는 것 같았다. 하이스쿨 9는 건물의 형태가 자유로워서 공연 예술학교 학생들에게 너무 잘 어울리는 건물이라고 생각했다. 반대로 두 번째 건물은 단순한 도넛 형태의 건물이 주는 안정감이 유치원과 잘 어울렸다.

    그렇다면 우리들을 위한 학교는 어떻게 디자인하면 좋을까?

썬의 일기

오늘 수와 할머니와 함께 한 번도 본 적 없는 형태의 학교들을 보고 왔다. 학교라고 하기에는 너무 자유로운 형태와 공간이어서 놀랐다. 그런 곳에서 많은 시간을 보내는 학생들은 그들 인생에서 정말 잊지 못할 추억을 쌓을 것 같다는 생각이 들었다. 왜 우리 학교는 저렇게 재미있게 건물을 짓지 않았을까? 주어진 공간에서 공부를 하고 친구들과 생활을 하면서 시간을 보냈는데, 오늘 할머니와 새로운 학교들을 방문하고 오니 우리에게 주어진 공간을 당연하게 생각하지 않게 되었다. 학교도 충분히 재미있고 즐거운 공간으로 만들 수 있고, 실제로 그런 공간들이 가능하다는 것을 알게 되었다. 나를 둘러싸고 있는 환경에 대해 좀 더 넓은 관점을 가지게 된 거 같다.

기회가 된다면 원으로 이루어진 학교에서 생활을 해 보고 싶다는 생각이 들었다. 평소에 곡선으로 이루어진 가구들과 물건들을 좋아하는데 만약 내가 생활하는 공간도 곡선으로 이루어져 있으면 공간 분위기가 더 부드러울 것 같고 곡선에 어울리는 휘어져 있는 소파나 탁자들을 배치할 수 있을 것 같다. 그리고 그 곡선 벽을 만지면서 건물 한 바퀴를 산책해 보고 싶다.

하이스쿨 9

Highschool #9

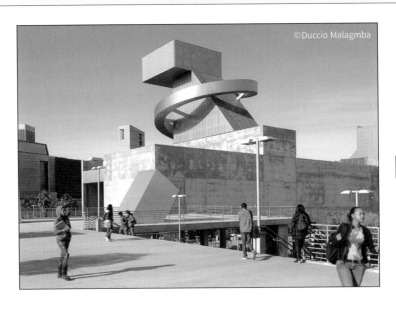

©Duccio Malagmba

쿱 히멜블라우 | 미국 로스엔젤레스 | 2008년

이 예술고등학교는 건축물 자체가 예술 작품으로, 독특한 여러 가지 형태의
건물들로 이루어져 있다. 미래지향적인 디자인과 이색적인 형태의 건물들은
체스판의 말들을 연상시킨다. 이 건물들은 교육 시설로서의 기능뿐만 아니라
예술적 가치를 이용해 학생들에게 창의적인 영감을 주며 자유롭고 특별한 교
육 환경을 만들어 낸다.

후지 유치원

Fuji Kindergarden

테즈카 건축사무소 l 일본 다치카와시 l 2007년

후지 유치원은 자연과 조화를 이루는 독특한 건물이 특징이다. 유치원 건물의 구조와 디자인은 아이들과 자연의 관계를 중심으로 설계되었다. 아이들은 건물 안에서 자유롭게 뛰어놀고 다양한 활동을 할 수 있고, 자연스럽게 연결된 야외 공간과 개방적인 디자인은 아이들의 상상력과 창의력을 자극한다.

©Kida Katzhisa

3

도서관
이야기와 빛

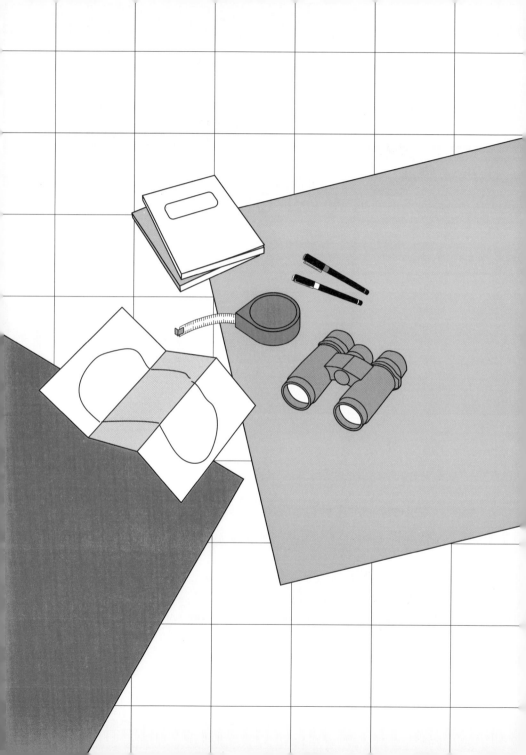

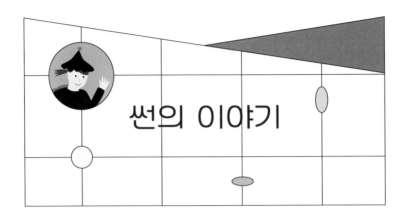

썬의 이야기

이야기가 담긴 도서관, 단순히 도서관이 아니다

할머니와 세 번째 건축 수업을 하기 위해 비밀의 정원에 모였다.

"저번 주에 학교를 돌아본 소감이 어땠니?"

할머니는 우리를 반갑게 맞으며 물었다.

"그렇게 다양하고 재미있는 학교가 있다니 너무 신기하고 학생들이 부러웠어요."

"우리는 우물 안 개구리였어요. 매일 학교에 가니까 학교에 대해서는 잘 안다고 생각했는데, 전혀 아니었어요. 사람은 역시 많은 경험을 해야 하는 것 같아요. 할머니랑 같이 다니면서 저희가 항상 하는 경험이 아닌 일상을 벗어난 그런 순간들이 참 좋아요."

수가 말했다.

"그래, 학생이라 한계가 있겠지만 다양한 공간을 방문하고 경험하는 건 너희들에게 많은 도움이 될 거야. 학교 다음으로 너희들이 많이 가는 곳이 어디니?"

"글쎄요. 저희는 학생이라서 학교에 매일 가고… 요즘엔 시험 기간이라서 도서관에 자주 가는 편이에요. 생각해 보니 저희가 가는 장소가 참 한정적이네요."

말하고 나니 조금 슬퍼졌다.

"너희들이 가는 도서관은 어떻게 생겼니?"

"중앙에 책을 보거나 공부를 할 수 있는 책상들이 있고 나머지 공간들은 책장으로 이루어져 있어요. 책으로 둘러싸여 있죠."

"도서관은 책으로 둘러싸여 있는 게 특징이지. 그렇다면 책 속에는 무엇이 있을까?"

"글이요."

수가 씩씩하게 외쳤다.

"그렇지. 책은 글로 된 이야기로 이루어져 있지. 그래서 오늘은 이야기를 담은 도서관을 보러 갈까 해."

동의를 구하듯 할머니가 우리를 쳐다보셨다.

"네, 좋아요. 근데 할머니, 이야기를 담았다는 건 무슨 말이죠? 너무 추상적인 표현인데요."

"건물에 이야기가 녹아 들었다는 뜻이지. 미국 건축가 존 헤이덕John Hejduk은 이야기 속 캐릭터의 형태와 특징을 잡아서 건물 디자인을 했지. 건물을 이야기 속 캐릭터로 만든 거야. 그러면 사람들이 건물을 이야기 속에 포함시킬 수도 있고 건물이 이야기를 들려주기도 하는 거지."

"어떻게 건물이 캐릭터가 될 수 있어요?"

나는 도무지 상상이 되지 않았다.

"존 헤이덕의 경우, 자신이 생각하고 있는 오브제▪를 그려보고 그 형태를 조금씩 변형시켜서 건물의 형태로 그렸지. 하지만 이렇게 그린 건물들이 다 실제로 지어진 것은 아니야. 스케

▪ Objet, 건축의 한 요소이지만 건축물과는 독립되어 있는 조형물을 가리키기도 하고, 건축 공간 내부의 가구나 설치물, 혹은 특이한 외관을 지닌 건축물 자체를 가리키기도 한다.

치로 남아 있는 건물들이 더 많지. 건축가가 직접 건물을 캐릭
터화해서 이야기를 지어낼 수도 있지만 건물 자체가 자기만의
이야기를 가지고 들려주는 경우도 있단다. 지금 보러 갈 도서관
이 그런 곳이지.”

　나는 평소에 도서관에 가서 시간 보내는 것을 좋아한다. 책
으로 둘러싸여 있는 도서관에 가면 수많은 이야기들이 나를 기
다리는 것 같다. 비록 몸은 도서관 안에 있지만 이야기를 통해
저 멀리 남극에도 갈 수 있고 오지 탐험을 할 수도 있다. 책을
통해 내가 경험해 보지 않은 다양한 이야기들을 들을 수 있는
게 좋다. 도서관에서 이런 저런 이야기들을 읽고 있으면 마음이
꽉 차는 것 같고 경험의 깊이가 더 깊어지는 것을 느낄 수 있다.
그래서 도서관은 나에게 이야기들이 모여 있는 성 같다고 생각
했는데 할머니가 이야기가 담겨 있는 도서관 건물을 보러 간다
고 하니 어떤 곳일지 무척 궁금했다.

　할머니를 따라 부지런히 걸어 회색 벽과 초록색 지붕으로 이
루어진 2층짜리 건물 앞에 도착했다. 얼핏 보면 오래된 학교 같
기도 하고 차가운 느낌도 들었다. 입구는 밝은 갈색 타일로 장
식되어 있었다.

"할머니, 우리가 갈 도서관은 어디에 있어요?"

"이리 오렴."

할머니의 손짓을 따라 건물 안으로 들어갔다. 내부에는 도서관 외에도 다른 시설들이 있었다. 타이완 디자인 박물관도 있고 타이완 디자인 연구소도 함께 있었다. 네모 형태의 건물이 중앙에 있는 정원을 둘러싸고 있었다.

도서관 입구에 서서 할머니가 물었다.

"이 도서관 이름이 무엇일까? 한번 맞혀 보렴. 아마 상상도 못 할 이름일걸."

"글쎄요. 전혀 감이 안 오는데요…"

"상상도 못 할 이름이라면, 수와 썬 도서관?"

본인이 말해 놓고도 웃긴지 수가 킥킥 댔다.

"이 도서관 이름은 '단순히 도서관이 아니다 Not Just Library'란다."

"엥? 도서관 외에 다른 용도가 있다는 건가요?"

"들어가 보면 알겠지만 이곳은 전형적인 도서관과는 조금 다르단다. 이 도서관은 예전에는 담배 공장에서 일하던 여자 직원들이 몸에 밴 담배 냄새를 없애려고 만든 목욕 공간이었어. 한

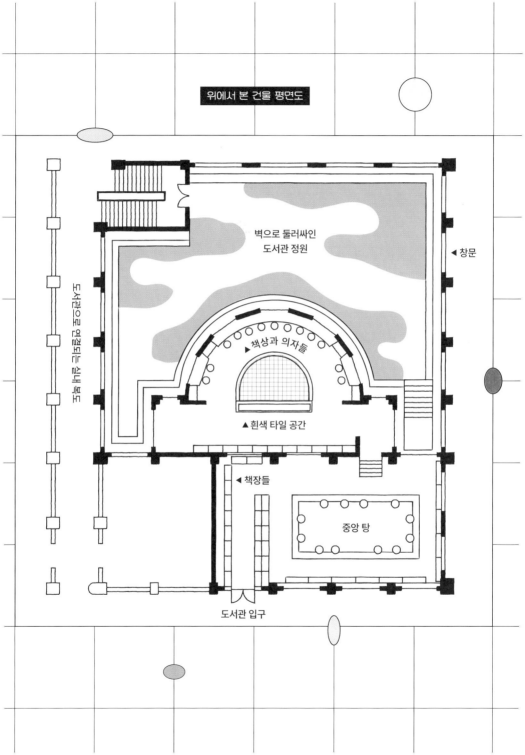

위에서 본 건물 평면도

벽으로 둘러싸인
도서관 정원

◀ 창문

◀ 책상과 의자들

▲ 흰색 타일 공간

◀ 책장들

중앙 탕

도서관 입구

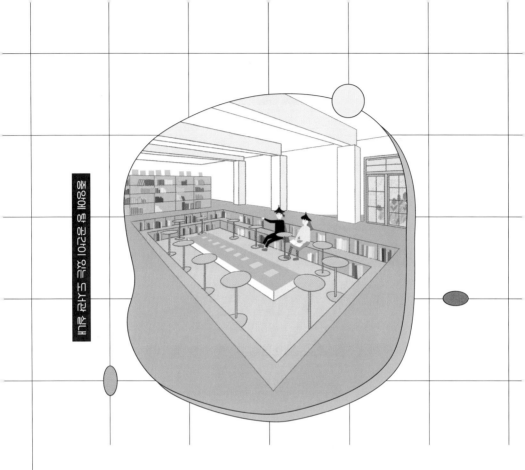

번 들어가 보자구나."

호기심에 설레는 마음을 갖고 할머니를 따라 들어갔다. 도서
관은 일반 도서관처럼 책들이 빼곡히 들어찬 책장들로 둘러싸
여 있었다. 하지만 다른 용도로 쓰였던 장소라는 게 느껴졌다.
한쪽 벽면에는 책들이 있었고 공간 중앙이 움푹 파여 있었다.
중앙으로 내려가는 계단의 단 사이를 책장으로 사용하고 있어

126

서 사이사이에 꽂혀 있는 책들을 골라 앉아서 볼 수 있게 되어 있었다.

"할머니 이 공간은 왜 이렇게 밑으로 내려가서 앉을 수 있게 되어 있나요?"

"너희들도 대충 예상했을 텐데, 이 공간이 예전에는 목욕탕으로 사용되었다고 했잖니. 여기 움푹 파인 공간은 탕이었어. 이 탕에 들어가서 사람들이 몸을 씻고 피로를 풀었지. 새로 도서관을 만들면서 예전에 있던 목욕탕의 흔적을 다 없애고 새로운 공간을 만들 수도 있었겠지만 이곳을 디자인한 건축가는 그대로 보존했지. 이 탕 공간을 도서관에 필요한 책을 꽂아 놓을 수 있는 책장과 앉아서 책을 읽을 수 있는 곳으로 만든 거야. 물이 아닌 책 탕에 빠져서 이야기의 즐거움을 즐기라는 거지."

도서관에 있지만 예전에 존재했던 목욕탕 분위기가 그대로 느껴졌다. 할머니 이야기를 듣고 우리는 책 탕에 들어가 재미있어 보이는 책을 골라 읽으면서 시간을 보냈다. 목욕탕 안에 들어가서 책을 읽으니 어릴 적 나만의 아지트였던 곳이 생각났다. 초등학교 때 살던 집에 화장실이 두 개 있었는데, 집 구석에 위치한 안방 화장실의 빈 욕조에 앉아서 책 읽는 것을 좋아했다.

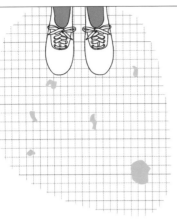

그곳은 나만의 가장 개인적인 공간이었다.

책을 읽다가 밖을 보니 인위적으로 꾸미지 않고 자연스럽게 자란 식물들과 나무들이 역사의 흔적이 남아 있는 벽과 조화를 이루며 평화로운 분위기를 자아내고 있었다.

책 탕에서 나와 그 옆의 공간에 가 보니 목욕탕에서 흔히 볼 수 있는 흰색 타일이 바닥에 깔려 있고 창문이 나 있는 둥근 벽 앞에는 밖에 있는 정원을 바라보며 책을 읽을 수 있는 책상이 있었다. 한데 타일의 바닥이 여기저기 반짝였다. 가까이서 보니 타일에 금색 칠이 되어 있었다. 깨지고 지저분해진 욕조 타일에 금색 칠을 해서 재활용한 것이다. 타일의 오래된 흔적과 불빛에 빛나는 금색 칠이 클래식하면서도 멋스러워 보였다.

'단순히 도서관이 아니다' 도서관은 크게 두 공간으로 이루어져 있었다. 도서관에 들어가면 가장 먼저 보이는 큰 탕이 있는 공간과 그 옆으로 이어지는 곳에는 반달 모양의 작은 욕조 그리고 수도꼭지들로 이루어진, 둥근 형태의 씻는 공간이 있었다. 목욕탕의 구조와 몇몇 군데 타일을 보존하여서 아늑함을

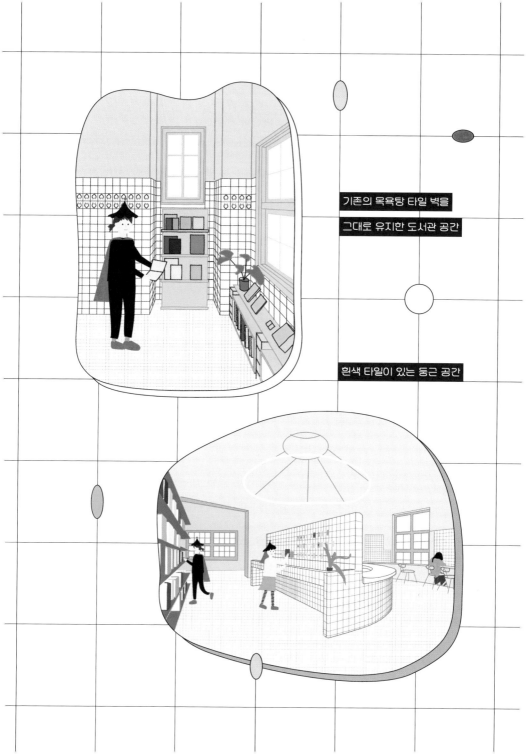

기존의 목욕탕 타일 벽을
그대로 유지한 도서관 공간

흰색 타일이 있는 둥근 공간

느끼는 것과 동시에 예전의 목욕탕 모습을 떠올릴 수 있게 하였다.

보존된 아치 형태의 욕조와 모던하게 변신한 목욕탕 서재는 새로운 것과 오래된 것 그리고 공간과의 조화를 잘 보여 주었다. 또한 공간 안에 차곡차곡 쌓인 역사의 레이어들이 이 공간을 더욱 흥미롭게 만들어 주었다.

도서관 이곳저곳 꼼꼼히 둘러보다 보니 마치 도서관이 우리에게 자신이 살아온 이야기를 해 주는 것 같았다. 수많은 이야기들을 품고 있는 도서관이 자신만의 이야기를 가지고 있다니 이야기 속에 있는 이야기에 빠져드는 기분이었다.

건물도 감정을 가질 수 있다는 게 낯설게 느껴지면서도 건물과 더 친해진 느낌이 들었다. 목욕탕이라는 옷을 입었었지만 지금은 도서관이라는 새 옷을 입은 이 건물이 나중에는 또 어떤 재미있는 옷을 입을까 궁금해졌다.

할머니와 함께 도서관을 둘러보고 건물에 있는 디자인 박물관과 근처 책방, 상가들도 방문했다. 다른 공간들 역시 예전 담배 공장의 흔적을 완전히 없애지 않고 보존하면서 새로운 기능을 부여해 많은 사람들이 찾는 공간이 되어 있었다.

"이야기를 담은 도서관을 봤는데, 이번에는 다른 도서관을 가 볼까?"

건물에서 나와 근처 공원을 걸으면서 할머니가 말씀하셨다.

"어떤 도서관이요?"

"그 전에 퀴즈 하나 낼까? 책을 읽기 위해 필요한 것엔 무엇이 있을까?"

"책상이랑 의자요!"

"맞아. 그리고 또 뭐가 있을까?"

"음⋯. 어두우면 책을 읽을 수 없으니까 조명이요!"

"맞아, 조명이 필요하지. 즉, 빛이 필요한 거지. 조명과 같은 인위적인 빛도 있지만 자연에서 오는 자연광도 있지. 건물 안에 들어오는 자연광을 잘 이용하면 조명 사용을 아낄 수도 있겠지? 편하게 책을 읽을 수 있게 빛을 제공하는 도서관이 있는데, 거길 가 볼까?"

"네, 좋아요!"

우리는 동시에 대답했다. 역시 수와 난 잘 통한다.

빛과 책이 만나는 곳, 예일대학교 바이네케 도서관

"이번에 가 볼 도서관은 똑똑한 친구들이 많이 모여 있는 학교 도서관이야. 예일대학교라고 알지? 그 대학교에 있는 희귀 도서를 보관해 놓은 곳이지. 이 학교 캠퍼스는 오래전에 지어져서 그 당시에 유행하던 신고전주의 양식의 건물들로 이루어져 있어. 아, 신고전주의라고 하면 무슨 말인지 잘 모르겠구나. 신고전주의 양식은 그리스 로마 시대의 건축 양식을 높이 사고, 되살아나기를 바라면서 그대로 재현한 거야. 그리스나 로마 건축들이 어땠는지 혹시 아니?"

"음, 글쎄요. 뭔가 화려했던 거 같기도 하고…."

수가 기억을 더듬었다.

"맞아, 건물 외관에 장식적인 요소가 많이 들어가 있고, 건물의 오른쪽 왼쪽 양옆이 대칭을 이루는 형태를 보여 주고 있어. 그리고 건물에 고대 그리스 건축의 상징인 그리스 신전의 기둥들이 많이 보이지."

"그럼 전체적으로 클래식해 보이겠어요."

"그렇지. 근데 이 도서관 건물만 모던한 스타일을 가지고 있

132

어서 사람들이 이 캠퍼스에 어울리지 않는 건물이라고 비난을 많이 했어. 모던한 스타일은 그리스나 로마 건축물들과는 반대되는 양식이라고 할 수 있거든. 자, 그럼 외부에 장식이 없고 깔끔하며 간단한 형태를 가진 건물을 한번 찾아볼까?"

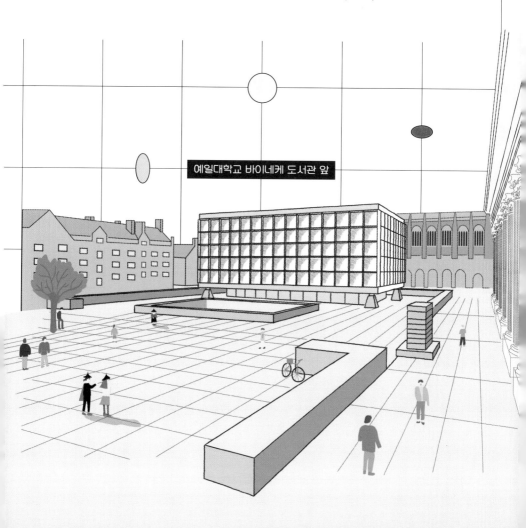

예일대학교 바이네케 도서관 앞

할머니 말을 듣고 끝이 안 보이는 넓은 캠퍼스를 돌아다니기 시작했다. 화려한 신고전주의 양식의 고딕 건물들이 둘러싼 넓은 광장 앞에 네모난 상자같이 생긴 건물이 우뚝 서 있었다. 콘크리트 회색으로 이루어진 그리드▪ 사이에 흰색 돌이 박혀 있는 와플같이 생긴 건물이었다.

"와, 저거다!"

건물을 가리키니 할머니가 웃으면서 고개를 끄덕였다.

입구로 가까이 가자 건물이 살짝 들려 있다는 것을 알 수 있었다. 네모난 도서관 건물은 피라미드의 꼭지점 부분을 자른 형태의 네 기둥 위에 올려져 있었다. 거대한 블록 쌓기를 연상케 하였다. 도서관 안으로 들어가자 희미하게 퍼져 오는 노란 빛이 도서관 전체를 밝혀 주고 있었고 도서관 중앙에 타워가 있었는데, 타워의 모든 면들이 책들로 이루어져 있었다.

사방에서 빛나는 금빛 대리석 벽을 보고 있으니 황홀한 느낌이 들었다. 분위기에 휩쓸려 우리는 대리석 벽으로 이끌리듯 다가갔다.

▪ Grid, 격자무늬를 뜻하는데, 건축물의 배치 및 구획을 배열하는 형식을 말하기도 한다.

빛 때문에 환해진 대리석 벽

대리석 벽 옆에 선 할머니가 물었다.

"너희들도 느꼈다시피, 이 도서관은 빛을 굉장히 중요하게 여기고 있단다. 그렇다면 수는 도서관에 빛이 중요한 이유가 뭐라고 생각하니?"

"글쎄요. 빛은 도서관뿐만 아니라 모든 건물에 필요하지 않나요? 빛이 안 들어오면 너무 어둡잖아요. 물론 실내 등을 켤 수도 있지만 밖에서 들어오는 빛도 중요한 거 같아요. 창문을 통해서 빛이 들어오면 실내가 따뜻해지기도 하고 전체적으로 공간이 밝아지지요."

"그리고 저는 기분이 좋아요. 빛을 쬐고 있으면 몸도 마음도 따뜻해지는 느낌을 받아요."

나도 수처럼 도서관에 들어오는 빛을 좋아한다.

"너희들 말이 맞단다. 그렇다면 여기선 빛을 어떻게 쓰고 있는지, 어떤 의미인지 알아볼까."

할머니는 잠시 옷 매무새를 가다듬었다.

"이 도서관은 학교에서 1700년대부터 모아 온 희귀한 책들을 보존하고 관람할 수 있게 하는 용도로 지어졌어. 한데 너희도 알다시피 책은 종이로 만들어져 있어서 오랫동안 햇빛을 쬐면 종이가 노랗게 변하지. 도서관에서 책을 보려면 빛이 필요하지만 직사광선이 도서관 내에 들어오면 희귀 소장본들이 변질될 수가 있어. 그래서 은은하게 실내를 밝혀 주기 위해 대리석 패널*로 건물 주위를 둘렀지. 밖에서 너희들이 본 흰색 돌이 대리석이야. 격자무늬의 대리석 패널은 밖에서 보면 회색의 화강암 대리석이지만 안에서 보면 빛이 통과해서 은은하고 따뜻한 색깔로 바뀐단다."

"와아, 빛이 대리석을 통과하면서 환하게 밝혀 주는 거군요. 대리석 안에 조명을 넣은 거 같아요."

나는 감탄이 절로 나왔다.

"대리석의 무늬가 그대로 보이는 거 같아. 그렇지 않아?"

수를 향해 물었다.

"응응. 다양한 대리석 무늬를 보는 재미도 있네."

빛이 통과하면서 대리석 결이 드러난 벽을 어루만지며 수가 말했다.

"이 건물을 지으면서 건축가가 가장 중요하게 생각했던 것은

---

* Pannel, 패널은 널빤지(판)라는 뜻으로, 여기서는 벽의 일부인 대리석 판을 의미한다.

빛의 통제였어. 도서관은 변질되거나 파손되기 쉬운 책들이 사는 곳이니 빛을 잘 조절하는 게 중요해. 아무리 빛이 책에 해가 된다고 해도 수가 말했듯이 빛이 없는 공간은 너무 어둡고 활기가 없지. 건축은 도서관의 어느 곳에 빛이 들어오게 하고 얼마만큼 들어오게 할지, 빛의 위치와 양을 건물을 디자인할 때 계획할 수 있으니, 잘 설계를 하면 빛을 효과적으로 이용해서 충분히 밝고 화사하면서 책을 잘 보존할 수 있는 도서관으로 만들 수 있지."

할머니의 설명에 수와 나는 연신 고개를 끄덕이며 집중했다.

"건물에서 빛을 사용하는 방식은 다양해. 예일대학교 도서관처럼 대리석을 통해 빛이 들어오는 것을 조절하면서 잔잔하게 빛이 실내로 퍼지게 할 수도 있고, 다른 방식으로 빛을 조절하는 도서관도 있어. 일본 카나자와에 있는 유미미라이 도서관 Kanazawa Umimirai Library은 방문객들이 도서관에 와서 오랫동안 책을 읽었으면 좋겠다고 생각했어. 그래서 책을 읽기 편하도록 빛이 적절히 들어오고 실내를 따뜻하게 해 줄 수 있게 특별한 방법을 썼어. 정사각형 네모 형태의 도서관을 '펀칭 벽'으로 두른 거야. 펀칭기가 뭔지 알지? 종이를 바인더에 끼우기 위해서

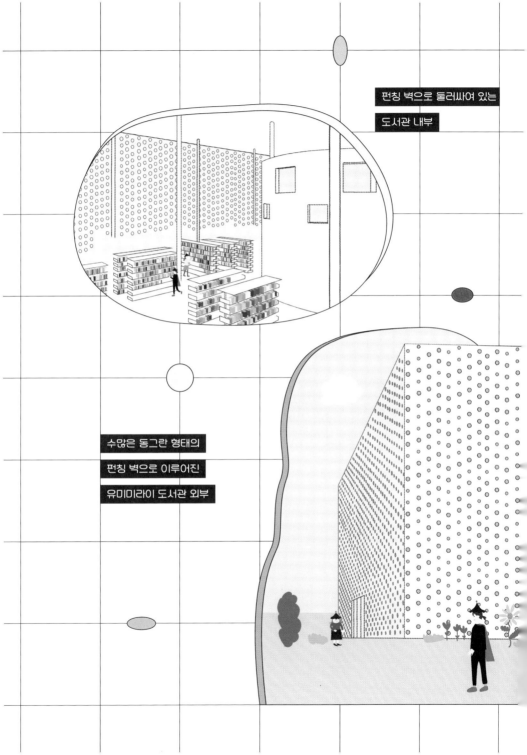

펀칭 벽으로 둘러싸여 있는
도서관 내부

수많은 동그란 형태의
펀칭 벽으로 이루어진
유미미라이 도서관 외부

동그란 구멍을 내는 도구 말이야. 이 건물의 외벽은 펀칭기로 뚫은 것처럼 동그란 구멍들이 나 있어. 무려 6천 개의 구멍들이 외벽에 뚫려 있어서 빛이 부드럽고 균일하게 실내로 들어오지. 그래서 도서관 사용자들이 눈부셔 하지 않고 편안하게 오랫동안 이야기 속에 빠져들 수 있게 해 준단다."

"아, 그런 식으로 빛이 균일하게 들어오게 할 수도 있는 거군요. 정말 아이디어가 대단하네요."

우리는 대리석 벽을 따라서 걷다가 중앙에 우뚝 서 있는 타워 쪽으로 걸어갔다. 타워 규모가 워낙 커서 마치 건물 하나가 서 있는 느낌이었다.

"이렇게 큰 책 타워를 만든 이유가 뭐예요?"

"이 6층짜리 타워에는 이 도서관의 주 목적인 희귀한 책들을 보존해 놓았단다."

우리는 타워 쪽으로 좀 더 다가갔다.

"어떻게 희귀한 책들을 여기에 많이 모아 놓은 건가요?"

"예일대의 희귀한 원고 수집은 1701년 10명의 목사가 코네티컷 주 브랜포드에 대학을 설립하기 위해 만났을 때부터 시작되었어. 많은 책들이 3세기 동안 수집되었고 1960년대에 예일대학교 졸업생 바이네케Beinecke 형제들의 기부로 이 귀한 희귀 서적들을 잘 보관할 수 있는 도서관을 짓게 된 거지. 그래서 도서관 이름도 이들의 성을 따서 바이네케 도서관Beinecke Rare Book & Manuscript Library이라고 지었단다."

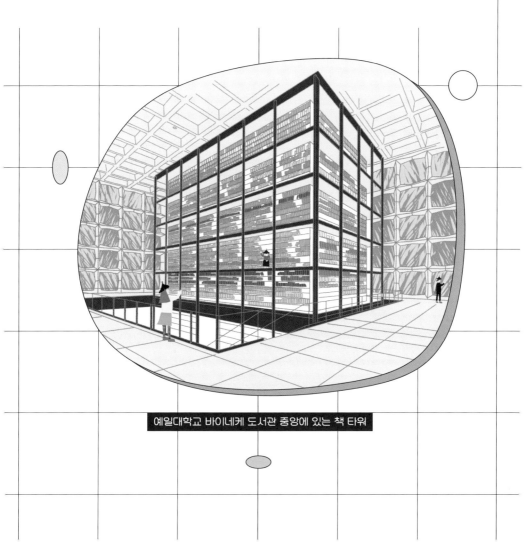

예일대학교 바이네케 도서관 중앙에 있는 책 타워

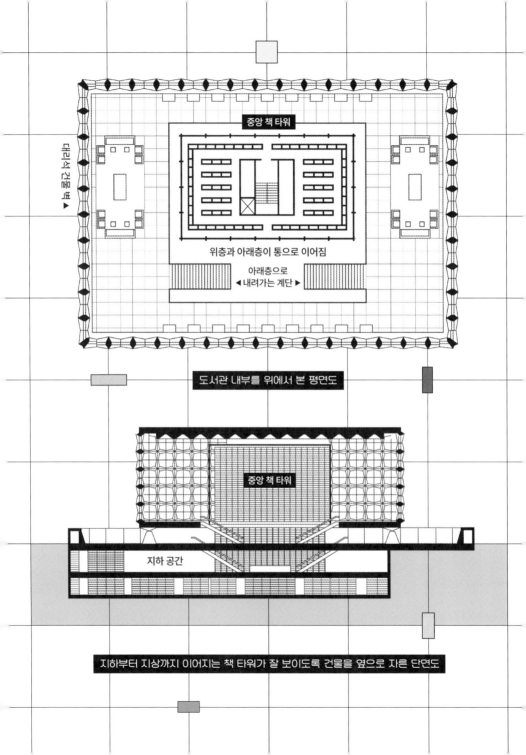

중앙 책 타워

대리석 건물 벽 ▶

위층과 아래층이 통으로 이어짐

아래층으로
◀ 내려가는 계단 ▶

도서관 내부를 위에서 본 평면도

중앙 책 타워

지하 공간

지하부터 지상까지 이어지는 책 타워가 잘 보이도록 건물을 옆으로 자른 단면도 할머니는 설명을 이어 가셨다.

"고딕 양식 건물들로 가득한 예일대학교 캠퍼스에 단순한 네모 상자 형태의 모더니즘 건물은 많은 사람들에게 비난의 대상이 되었어. 하지만 도서관 문을 연 지 60년이 지난 오늘 이 도서관은 캠퍼스에서 가장 유명한 곳이 되었단다. 신기하지? 당시에는 많은 사람들이 선호하지 않거나 앞서 나간 사상들이 시간이 지나 사람들의 가치관과 사고방식이 변화하면서 그 가치를 인정받는 경우가 있단다. 그러니 너희들도 남들과 다른 생각을 하는 것을 두려워하면 안 돼. 지금 정답이 아닐 수 있지만 나중에 좋은 답이 될 수도 있거든."

할머니를 따라 도서관을 탐방해 보니 도서관을 짓는다는 건 정말 의미 있는 일인 것 같았다. 책을 읽는다는 것은 지식이 주는 즐거움을 즐기고 상상의 세계를 더 깊고 넓게 탐험하는 일일 뿐 아니라 새로운 가치를 창조하는 발판을 만드는 일이다. 그래서 책에 둘러싸여 있는 공간을 디자인하는 것은 의미 있고 새로운 공공 가치를 만들어 내는 일이라는 생각이 들었다.

수의 일기

난 평소에 도서관에 가는 걸 좋아한다. 책을 읽으러 가기보다는 도서관에 있으면 마음이 편해서다. 마음이 복잡할 때는 도서관 한구석에 앉아 책에 둘러싸여 있고는 한다. 오늘 도서관들을 방문해서 할머니 설명을 듣다 보니 왜 그런지 이해가 되었다. 빛 때문이었다.

도서관은 너무 밝아도 어두워도 안 돼서 적절한 빛의 양과 색도가 잘 조절되는 공간이다. 오늘 본 도서관들의 빛은 디자인된 빛이라는 생각이 들었다. 의도적이고, 부드럽고, 따뜻한 느낌이었다. 빛도 디자인을 할 수 있다니! 돌이켜 보니 슈퍼마켓이나 쇼핑몰에 가면 마음이 불편했던 이유가 빛이 너무 강렬하거나 형광등 빛의 강도가 너무 강하고 빛의 색도 너무 하얘서였던 것 같다.

건축에서는 눈에 보이는 공간의 형태, 색, 질감뿐만 아니라 보이지 않는 빛이 큰 역할을 한다는 것을 알 수 있었다. 앞으로 빛에 대해 더 유심히 관찰해 봐야겠다.

썬의 일기

　이번에 본 도서관 건물들은 내 상상력을 자극하는 즐거운 공간들이었다. 이야기를 좋아해서 소설 책을 읽으러 도서관에 자주 갔었는데, 책 속에 있는 이야기가 아니라 도서관 건물이 가지고 있는 이야기를 직접 느끼고 들으니 신기하고 책을 통해 읽는 이야기보다 이해가 쉬웠다. 아마도 건물이 들려주는 이야기는 3차원으로 이루어진 공간이어서 그런 것 같다.

　직접 돌아다니면서 공간을 경험하니 시각적으로 그 공간을 느낄 수 있었고 직접 움직이니 몸으로도 공간을 느낄 수 있었다. 그리고 도서관 빛이라고 하면 그냥 실내 등으로 내부를 비추고 그 밝기를 조절한다고만 생각했는데, 외부 채광을 창문이 아닌 대리석을 통해 들어오게 해서 양과 색을 조절해 실내를 밝혀 주다니, 생각지도 못했다. 건축은 지난 시간에 배운 건물 자체의 형태 외에도 실내에 들어오는 빛 그리고 건물의 용도까지, 고려해야 할 게 많은 분야라는 생각이 들었다.

단순히 도서관이 아니다

Not Just Library

JC 아키텍처+모티프 플래닝ㅣ대만 타이페이ㅣ2020년

83년 동안 담배 공장 목욕탕으로 사용되던 공간을 도서관으로 개조한 것이다. 기존의 목욕탕 형태를 보존하고 그 형태와 흔적을 사용하여서 책을 읽고 사색할 수 있는 흥미로운 공간으로 바꾸었다.

©Samil Kuo, Yenyi Lin

예일대학교 바이네케 도서관
Yale University Beinecke Rare Book & Manuscript Library

©Gunnar Klack

고든 번샤프트+SOM | 미국 뉴헤이븐 | 1963년

예일대학교 바이네케 도서관은 희귀 책과 문서를 보존하는 곳이다. 예일대학교 캠퍼스 안에 위치해 있고 다른 신고전주의 양식의 학교 건물들과 달리 네모난 상자 형태를 띤 모던한 건물이다. 건물 외벽 파사드가 반투명한 대리석으로 이루어져 있어 빛이 대리석에 한 번 걸러져서 내부로 들어온다. 덕분에 빛에 민감한 희귀 책들을 훼손하지 않고 은은하게 실내를 밝혀 준다.

©Lauren Manning(좌) / ©Gunnar Klack(우)

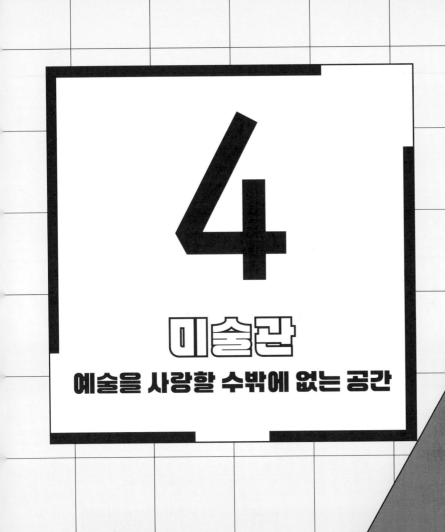

4

미술관
예술을 사랑할 수밖에 없는 공간

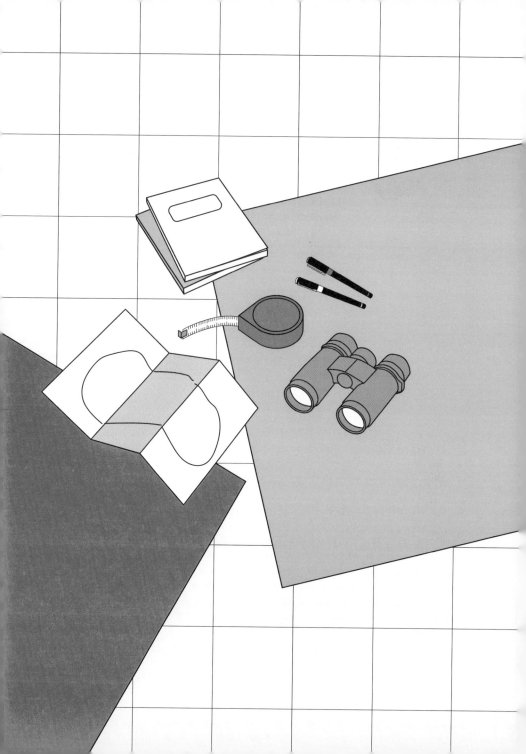

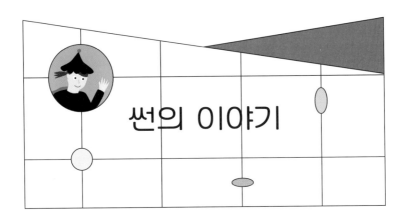

썬의 이야기

빠르게 움직이고 있는 미술관,
국립21세기미술관

월요일, 화요일 그리고 드디어 수요일이 되었다. 학교 수업은 이렇게 기다려 본 적이 없는데…. 혹시 건축이 내 적성에 맞는 게 아닐까 하는 생각이 들었다. 건축물을 직접 가서 보고 느끼니 그 감동은 말로는 표현할 수 없을 정도였다. 나는 그곳에서 건축물을 지은 건축가가 되어 보기도 하고 사용자가 되어 보기도 했다. 가끔은 현실이 아닌 상상의 도시로 가는 듯한 기분도 들었다.

비가 온 뒤 맑아진 하늘을 보면서 우리만의 비밀의 정원인 할머니 집으로 걸어갔다. 수는 벌써 와서 할머니랑 레모네이드를 마시고 있었다.

"썬, 어서 오렴. 안 그래도 수랑 오늘은 어디 갈까 이야기하고 있었단다. 오늘은 너희들이 좋아하는 공간을 탐방해 볼까 해. 어떤 공간이 좋은지, 그 공간이 왜 좋은지, 어떤 요소가 그 공간을 좋아하게 만드는지 알아볼 거야. 그럼 수부터. 넌 어떤 공간이 좋니?"

"음, 전 넓은 공간이 좋아요. 자유롭게 돌아다니면서 공간을 즐길 수 있는 곳이면 좋겠어요. 그리고 조용하면 더 좋고요."

"왜 넓고 조용한 공간이 좋니?"

"글쎄요. 전 누구한테 방해받는 게 싫어요. 공간이 넓으면 그 공간을 제가 산책하면서 느낄 수도 있고 비어 있는 공간을 바라보면서 그 공간이 어떻게 변할 수 있을까 상상하는 게 좋아요."

"그렇구나. 썬은 어떻니?"

"전, 아름다움을 느낄 수 있는 곳에 가고 싶어요. 너무 추상적인가요?"

"아름다운 곳이라, 추상적이기도 하고 주관적이기도 하구나. 미는 주관적인 요소니까. 그럼 어떤 공간이 아름답다고 생각되는데?"

"글쎄요. 저는 개인적으로 색이 많이 있는 공간이 좋아요. 전 단색을 좋아해요. 일상 생활 속에서는 다양한 색을 보기 힘든 거 같아요. 그래서 쨍한 노란색, 초록색, 분홍색의 물건들이나 형태가 있는 예술 작품을 좋아해요. 그리고 공간의 특성을 잘 이용해서 만든 설치 작품이 있는 곳도 좋아요. 그 공간에 대해 새롭게 바라볼 수 있는 시각을 제공하잖아요. 예를 들어서 네모난 공간의 모서리에 딱 맞는 구조물을 설치해서 그 네모난 공간을 더 두드러지게 느끼게 하거나 아니면 모서리를 가리거나 부드럽게 만들어서 모서리를 아예 못 느끼게 할 수도 있고요. 이렇게 이야기하다 보니 전 예술 작품들이 있는 공간을 좋아하네요. 헤헤."

"그렇다면, 너희들의 의견을 모아서 오늘은 넓고 아름다운 공간에 아름다운 것들이 많이 모여 있는 곳에 가 볼까?"

"앗, 어딘지 알 것 같아요. 혹시 우리 미술관 가는 건가요? 전 미술관 가는 게 제일 좋아요. 미술관에 들어가는 순간 마음의 평화가 찾아오는 거 같달까요? 수, 넌 어때?"

"좋지!"

"그렇다면 아름다운 예술 작품을 자유로운 공간에 담은 미술관을 가야겠군. 오늘은 미술관 두 군데를 가 보자. 독특한 형태와 공간으로 이루어진 미술관인데, 이 형태가 실내 전시 공간을 어떻게 보이게 하는지, 그리고 이 공간에서 어떤 감정을 느낄 수 있는지 보자구나. 첫 번째로 가 볼 미술관은 역동적이고 자유로운 동선을 보여 주는 곳으로 유명해. 빠르게 지나갈 것 같은 느낌의 건물이지."

"빠르게 지나갈 거 같다고요? 한 자리에 있는 건물을 보고 움직임을 느낄 수 있다니 상상이 안 돼요."

수가 말했다.

"응, 나도 그런 생각을 처음엔 했지. 하지만 직접 가서 보면 너희도 그 움직임을 느낄 수 있을 거란다."

우리는 할머니와 한참을 걸었다. 걸어가는 길목에 세월의 흔적이 느껴지는 로마의 클래식한 건물들이 나란히 서 있었다. 아치 형태의 입구와 장식들, 그리고 돔들 사이에서 곡선의 부드러움을 느낄 수 있었다. 한참 골목 골목을 요리조리 탐험하는데 할머니가 걸음을 멈추셨다.

"벌써 도착했구나. 여기란다."

밝은 회색의 모던하고 현대적인 건물이었다. 여러 가지 형태가 합쳐져 있어서 어떤 하나의 형태를 가진 건물이라고 단정지어 말하기가 어려웠다. 각진 부분도 있었지만 부드럽게 휘어지는 곡선도 있었다. 오래된 도시에서 쉽게 찾아볼 수 없는 미래지향적인 건물이었다.

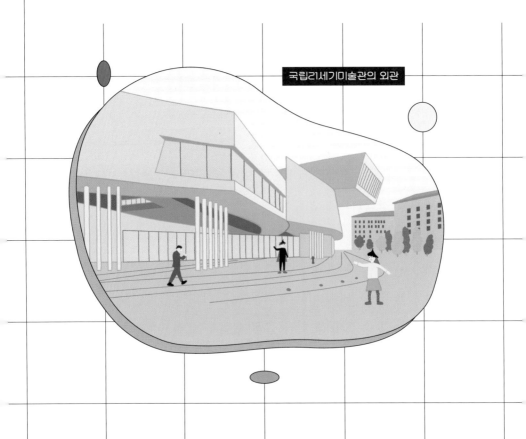

국립21세기미술관의 외관

"이 건물, 살아서 움직일 거 같지 않아?"

수가 팔꿈치로 나를 툭 치며 속삭였다.

"그러게, 트랜스포머처럼 갑자기 일어설 거 같은 느낌이 드네. 이런 느낌이 드는 이유가 뭘까?"

"그건 아마도 이 미술관의 역동적인 외벽 선과 형태 때문이 아닐까 싶구나. 애들아, 여기 좀 보렴."

우리 둘이 낮게 속닥였는데 할머니에게 들렸나 보다. 할머니는 미술관 앞의 곡선 바닥을 가리키셨다.

"콘크리트 바닥을 자세히 보면 곡선을 그대로 따른 배수구가 있는데 이게 마치 달리기를 하는 트랙 같아서 왠지 달려야 할 것 같은 느낌도 주지. 그리고 이 건물을 위에서 보면 건물의 선들이 철도 길을 연상시키기도 한단다."

"그러고 보니 그렇네요. 건물의 형태와 흐름이 빠르게 움직이는 차선을 보여 주는 것 같아요."

"이 미술관은 빠르게 움직이는 도시의 흐름을 그대로 잘 표현하고 있어. 로마 도시를 지나가는 테베레강의 곡선과도 많이 닮았지. 현대 건물이지만 오래된 로마의 클래식한 건물들 사이에서 크게 튀지 않고 잘 스며들고 있어. 그 이유 중 하나는 역동

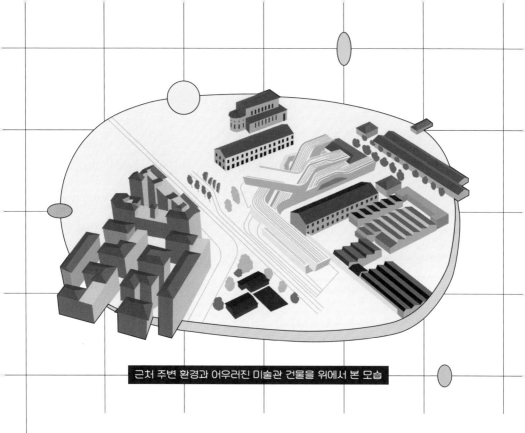

적인 도시의 흐름과 같은 선의 형태를 가졌기 때문이야. 이 국
립21세기미술관 National Museum of 21st Century Art 은 로마의 최초
국립 현대미술관으로 로마의 현대적인 면모를 보여 줄 수 있는
좋은 기회였어. 많은 사람들은 고전적인 건물들과 세계적인 문
화 유산들로 둘러싸여 있는 로마에 이런 현대적인 건물이 어울
릴까 하는 걱정을 많이 했지만 대중들은 긍정적인 반응을 보였
어. 부드러운 곡선의 매끄러운 벽이 신고전주의의 대칭적인 면

과 유사하다고 생각했거든. 건축가 자하 하디드 Zaha Hadid 는 급하게 물이 흐르듯 정신없이 바쁘게 사는 현대인들의 삶을 공간의 유동성으로 표현했단다."

건물의 부드러운 곡선이 마치 빠르게 움직이는 기차 같았다. 여러 방면에서 뻗어 온 철도들이 서로 지나가고 교차하는 기차역 같기도 했다. 건물의 선에서 바쁘게 돌아가는 도시의 움직임과 역동성이 느껴져서 신기했다.

미술관을 처음 딱 봤을 때 들었던 생각은 하얗다는 것이었다. 사실 로마의 오래된 황토색 집들을 보다가 콘크리트로 지어진 밝은 회색의 현대적인 건물을 보니 더욱 더 건물이 밝은 빛을 띠는 듯했고 심지어 차갑게 느껴지기도 했다.

미술관 문을 열고 들어가자 눈앞에 펼쳐진 풍경에 미술관의 첫인상은 까맣게 잊히고 말았다. 미술관 실내는 그야말로 압도적이었다. 바닥과 벽 그리고 천장이 하얀색이었는데 하얀 바탕에 검은색의 계단들이 둥둥 떠 있었다. 보통 미술관에 들어가면 어디로 가야 하는지 대충 알 수 있는데, 이곳은 그렇지가 않았다. 계단도 여러 개여서 어떤 계단으로 올라가야 하는지 혼란스러웠다. 미술관 입구가 어딘지 알 수 없어서 일단 바로 앞에

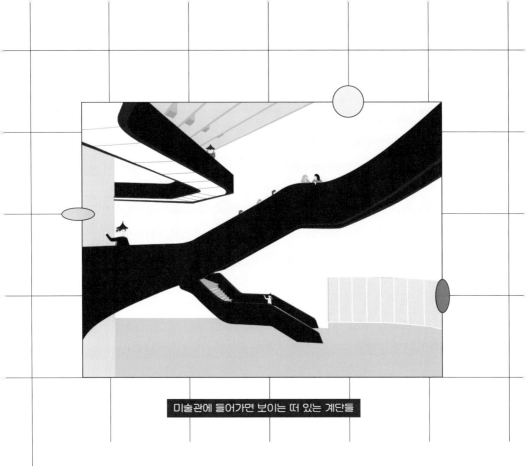

미술관에 들어가면 보이는 떠 있는 계단들

보이는 계단을 올라갔다. 계단을 올라가면서 밑을 보니 1층 공
간이 한눈에 보였다. 수는 다른 계단을 시도하고 싶다면서 옆
계단으로 올라갔다. 저 멀리서 수가 보였다.

　우리는 그렇게 각자 가고 싶은 계단을 선택해서 미술관 안으
로 들어갔다. 그러자 흔히 보는 전형적인 형태의 미술관 갤러리
와는 뭔가 다른 공간이 눈앞에 펼쳐졌다. 우리가 많이 보는 미

술관 실내는 네모난 공간에 칸막이 벽으로 큰 공간을 나누어 놓은 형태였는데 이곳은 움직이는 곡선 형태로 이루어져 있었다. 벽은 이리저리 차선을 바꾸면서 빠르게 움직이는 자동차의 궤적 같았고 천장의 조명도 빠르게 움직이는 선처럼 보였다.

"할머니, 이렇게 공간을 통해서 움직임을 느낄 수 있다는 게 정말 신기해요. 그게 가능할까 싶었는데 실제로 이 공간을 보니 움직임과 역동성이 느껴져서 너무 흥분되는 거 있죠. 예술 작품이 이 공간의 분위기와 형태를 따라가야 할 것 같다는 생각이 들어요."

"내가 말했잖니, 역동성을 느낄 수 있는 공간이라고. 땅 위에 지어진 움직이지 않는 건물에서 움직임을 느낄 수 있는 건 공간이 자동차나 사람이 빠르게 지나간 듯한 유연한 동선 형태로 이루어져 있어서란다. 공간뿐만 아니라 조명들도 그 형태를 따라가서 역동성을 더 극적으로 느낄 수 있게 해 주지. 이 건물을 지은 자하 하디드는 우리나라에 동대문 디자인 플라자DDP를 디자인한 건축가로도 많이 알려져 있어. 미술관 실내를 보면 방으로 이루어진 큰 전시실이 아닌 벽이랑 창문이 하나도 없는 오픈된 공간이야. 그래서 작품에 집중할 수 있게 해 주지. 그리고

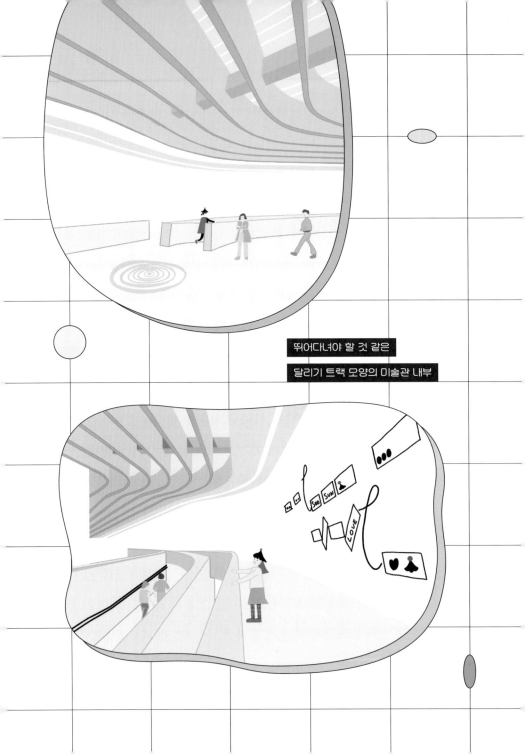

뛰어다녀야 할 것 같은
달리기 트랙 모양의 미술관 내부

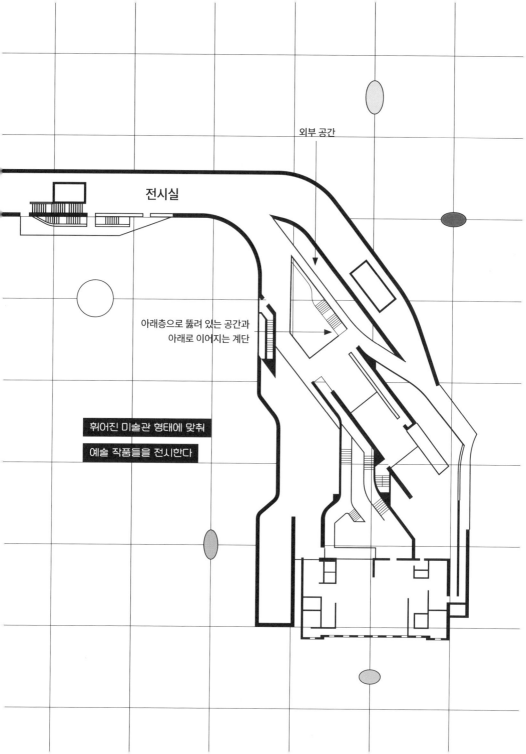

외부 공간

전시실

아래층으로 뚫려 있는 공간과
아래로 이어지는 계단

휘어진 미술관 형태에 맞춰

예술 작품들을 전시한다

제일 꼭대기 층에 가 보면 천장이 얇은 콘크리트빔으로 이루어져 있고 사이 사이가 유리 덮개로 씌워져 있어서 잔잔한 자연광이 들어와 예술 작품들을 더 밝게 비춰 주지."

"아, 진짜 그렇네요. 생각해 보니 이 미술관은 다 오픈된 공간이네요. 보통 오픈된 큰 전시실도 벽으로 나누어져 있는데, 이곳은 그런 벽들도 없어요. 그리고 작품들도 공간에 국한되지 않는 크고 다양한 형태들로 잘 어우러지는 거 같아요."

할머니의 얘기를 듣고 보니 모든 것이 조화롭게 보였다.

"그래서 이곳을 오브제들이 모여 있는 방이 아닌 예술을 위한 캠퍼스라고도 표현한단다."

"예술을 위한 캠퍼스라…. 자유로운 영혼의 예술품들이 바다 속 물결같이 돌아다닐 것 같아요."

그렇게 빠르게 움직이는 선들을 따라서 작품들을 구경하며 부드러운 미로 같은 공간을 이리저리 돌아다니다가 어느 한 공간에 도착했다. 들어서는 순간 숨통이 딱 트이는 환한 뷰가 보였다. 직감적으로 여기가 이 미술관의 끝부분이라는 걸 알 수 있었다. 창문이 하나도 없는 갤러리에서 갑자기 바깥 세상이 보이는 큰 유리 벽으로 이루어진 공간에 도착한 것이다. 우리는

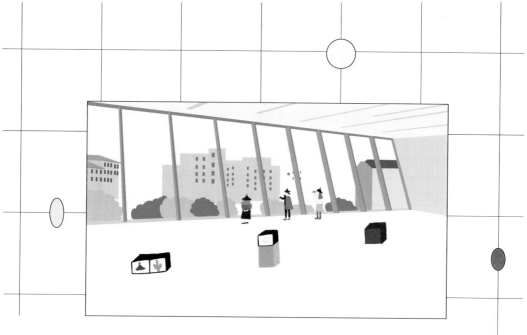

자연스럽게 갤러리 속 작품들을 뒤로하고 유리 벽으로 다가갔다. 위에서 내려다본 로마 도시의 풍경은 숨이 멎을 정도로 아름다웠다. 우리는 한참 동안 로마 풍경을 바라보았다.

큰 창을 통해 로마 전경을 보다 보니 마치 피노키오가 되어 상어 뱃속에 들어가서 뱃속을 헤매다가 꼬리에 도착한 듯한 느낌이 들었다. 흥미진진하고 재미있는 예술 바닷속 모험이었다.

로마 도시 전경을 감상한 수와 나는 서로 다른 동선으로 여러 번 꼭대기 층까지 올라갔다 내려갔다를 하였다. 어느 동선을 선택해도 지겹지 않고 똑같은 풍경이 없이 눈앞에 다 특별한 시야가 펼쳐졌다.

빙글빙글 돌고 도는 미술관, 구겐하임 미술관

"두 번째로 보러 갈 미술관은 구겐하임 미술관Solomon R. Guggenheim Museum이야. 들어 본 적 있니?"

"이름은 들어 본 거 같은데 어떻게 생긴 건물인지는 몰라요."

옆에 있던 수도 고개를 갸웃하며 말했다.

"예전에 미술 책에서 본 거 같긴 한데, 가물가물하네요."

"그렇구나. 이제 클래식한 건물들에서 벗어나 분주하게 움직이는 대도시로 갈 거란다. 여기서 보이는 아치나 돔 형태의 돌 건물들은 보기 어려울 거야. 고층 건물들로 둘러싸인 빌딩 숲이 펼쳐질 거거든."

"오, 좋아요. 전 사실 분주한 도시도 재밌어요. 바쁘게 움직이는 사람들을 보면서 에너지를 얻는다고나 할까요? 다들 어디를 저렇게 열심히 갈까? 무슨 일을 할까? 궁금하거든요."

수가 반색을 하며 좋아했다.

"그럼 우리 슬슬 떠나 볼까? 갈 길이 멀구나, 어서 서두르자."

빠르게 움직이는 할머니 발걸음을 따라서 우리는 주변을 둘러볼 시간도 없이 급하게 걸어갔다. 어느 순간 흙색 건물들이 사라지고 할머니 말대로 고층 건물들이 조금씩 보이기 시작했다. 자전거 타는 사람, 빠르게 걸어가는 사람, 지하철에서 나오는 사람들이 분주하게 자기 길을 가고 있었다. 다들 바빠 보였다. 돌아볼 틈 없이 할머니 뒤를 쫓다 보니 앞이 탁 트이고 녹색의 공원이 눈앞에 펼쳐졌다.

"여기가 센트럴 파크Central Park야. 이 공원을 걷다 보면 큰 연못이 나오는데 그 연못 옆에 우리가 방문할 구겐하임 미술관이 있지."

"할머니, 저희들이 가다가 어떤 건물인지 알아맞히게 힌트 좀 주세요."

우리는 눈을 빛내며 할머니를 쳐다보았다.

"흠, 힌트를 주자면 그 건물 앞에 서면 소용돌이가 생각날 거야."

"잉? 소용돌이요?"

할머니가 더는 힌트를 주지 않아서 우리는 센트럴 파크의 평화로운 나무들과 꽃들로 이루어진 풍경을 보며 신나게 연못을 향해 걸어갔다. 연못 주위를 조깅하는 사람들, 반려동물과 산책하는 사람들을 구경하고 있는데 수가 내 옷을 잡아 끌며 어딘

가를 손가락으로 가리켰다.

"설마, 저 건물이 우리가 보러 갈 건물인가?"

수의 손가락 끝에 닿은 건물은 하얀색이었는데 할머니가 말한 대로 소용돌이처럼 건물이 회전을 하고 있는 듯한 형태를 띠고 있었다. 할머니는 뒤에서 내 어깨를 톡톡 치며 말씀하셨다.

"어때, 내가 말한 대로지? 이 건물은 미국을 대표하는 유명한 건축가 프랭크 로이드 라이트Frank Lloyd Wright가 디자인한 건물이야. 바로 구겐하임 미술관이지."

"와, 이 건물은 자하 하디드가 디자인한 로마 국립21세기미술관이랑은 또 다른 느낌으로 형태를 정의하기가 힘드네요. 국립21세기미술관 같은 경우에는 곡선도 있었지만 각이 진 부분도 있었잖아요. 그리고 곡선도 이 건물처럼 완전한 원이 아닌 유연한 동선이 느껴지는 휘어지고 꼬불한 선이었는데. 이 건물은 좀 더 동글동글하고 부드러운 느낌이 나네요."

특이한 외관이 호기심과 친근감을 동시에 불러일으켰다.

"앞에서 본 국립21세기미술관과 구겐하임 미술관은 다른 느낌이지? 구겐하임이 지어진 배경에 대해 이야기하자면, 1943년에 건축가 프랭크 로이드 라이트가 솔로몬 R. 구겐하임의 미술 고문인 힐라 리베이로부터 편지를 받았어. 구겐하임은 급진적인 예술 형태인 비구상주의 작품들을 수용할 수 있는 새로운 건물이 필요했고 프랭크에게 건물 설계를 부탁했지. 비구상주의 미술은 구체적인 대상의 재현을 거부하고 어떤 대상을 작가가 의도적으로 변형하고 왜곡해서 형태를 알아볼 수 없게 표현한 것을 말하는데, 우리가 흔히 아는 피카소의 입체주의 작품이 비구상주의야."

할머니의 설명이 조금 어렵긴 했지만 어렴풋이 무엇인지 알

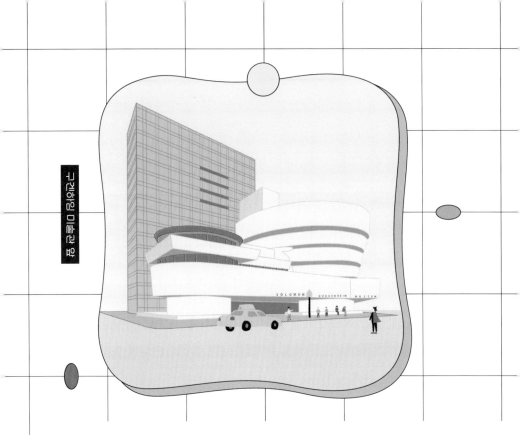

거 같았다.

"구겐하임이 건축가한테 요구한 것은 새로 짓는 미술관은 기존에 우리가 흔히 볼 수 있는 미술관과는 달라야 한다는 것이었어. 그래서 프랭크는 예술품을 잘 보여 주고 음악도 듣기 좋은 분위기의 미술관을 디자인했지. 그게 우리 앞에 있는 이 구겐하임 미술관이란다."

"이 미술관이 우리가 흔히 볼 수 있는 미술관과 다른 건 확실하네요. 하얗고 동글동글한 형태가 딱딱하게 직각으로 이루어진 주위 건물들을 부드럽게 감싸 주는 거 같다는 생각도 들어요."

"게다가 구겐하임 미술관은 뉴욕의 심장인 센트럴 파크와 가까이 위치해 있어서 뭔가 마음이 편해지는 거 같기도 해요. 자연이 주는 편안함과 안도감을 느낄 수 있달까요?"

수가 덧붙였다.

"그렇지, 센트럴 파크에 가까이 위치한 것은 큰 장점이지. 실내는 어떨지 궁금하지 않니?"

"네, 이 동글동글한 형태가 실내에서 어떤 공간으로 표현되고 구성되어 있을지 너무 궁금해요. 빨리 가요."

미술관 앞에서 기다리는 사람들을 따라서 우리도 실내로 들어갔다. 입구의 낮은 천장이 우리를 반기고 있었는데 앞으로 더 나아가니 순간 확 트인 공간이 나타났다. 거대한 나선형 경사로가 보였고 중앙에는 뻥 뚫린 5층 정도 높이 위에 천장이 있었다. 그곳에서 빛이 들어와 실내를 밝히고 있었다.

"와우, 뭔가 어마어마하게 큰 예술품을 보는 거 같아요. 나선형 경사로가 이 미술관에서 가장 큰 작품인 거 같네요."

"여기서 나선형 경사로를 올려다보면 작품들은 안 보인단다. 예술 작품을 감상하기 전에 제일 먼저 건축 자체를 경험할 수 있게 되어 있거든. 건축물도 예술 작품이기 때문에 미술 작품과 같이 감상할 수 있는 것이지. 이 미술관의 관람법은 좀 특이한데, 알려 줄게. 1층부터 전시를 보는 게 아니라 엘리베이터를 타고 건물 꼭대기로 가서 이어지는 경사로를 따라 마을을 산책하듯이 한 층 한 층 내려가면서 갤러리의 작품들을 하나 하나 감상하는 거야. 이 나선형 경사로를 로툰다rotunda라고 불러. 중앙이 뚫려 있어서 다른 층에 있는 작품들을 동시에 볼 수 있는 재미도 있지. 도시가 보통은 마을 광장에서 시작해서 뻗어 나가고 다들 광장으로 모이잖아. 로툰다도 마을 광장과 같은 기능을 하고 있지. 로툰다 경사로를 내려가면서 다른 방문객들도 볼 수 있고 다른 갤러리로 이동을 할 수 있단다."

"듣기만 해도 신나네요. 갤러리를 예술 마을이라 생각하니, 각 마을마다 어떤 흥미로운 작품들을 보여 줄지 기대가 돼요. 이 마을들을 이어 주는 경사로를 빨리 올라가 보고 싶어요."

"그럼 우리도 꼭대기 층으로 올라가서 천천히 예술 작품을 음미하면서 산책해 볼까? 예술의 세계를 탐험할 준비가 됐니?"

"네!"

미술관에 온 것도 잊은 채 우리는 신이 나서 큰 소리로 대답했다.

할머니는 황급히 손가락을 입술에 대며 따라오라고 손짓을 하였다.

위에 올라가 아래를 내려다보니 나선형 경사로가 한눈에 들어왔다. 사람들이 빙글빙글 돌아가는 경사로를 천천히 내려가면서 경사로 벽면에 있는 작품들을 감상하는 것이 보였다. 경사로는 이동을 하기 위한 통로이자 전시실이었다. 경사로를 내려가서 동그란 형태의 전시실에서 작품들을 감상하고 다시 동글동글한 경사로를 타고 내려가면서 다른 층에 있는 작품들도 볼 수 있었다. 1층에서 경사로를 올려다보았을 때는 작품이 전혀 보이지 않았는데 위에서 경사로를 보니 각 층마다 있는 작품들이 한눈에 보이면서 미술관의 본모습이 드러났다.

보통 건물을 제일 잘 관찰하기 위해서는 한 공간에 오래 머물면서 경험하는 것인데, 구겐하임 미술관 같은 경우에는 나선형 경사로를 따라 산책하는 것이 공간을 경험하는 제일 좋은 방법이었다. 내려가면서 공간이 변화하는 것도 느끼고 적절한

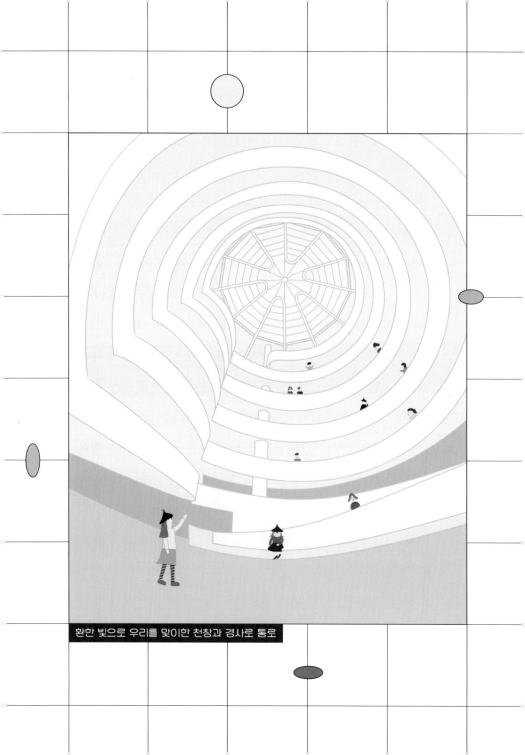

환한 빛으로 우리를 맞이한 천창과 경사로 통로

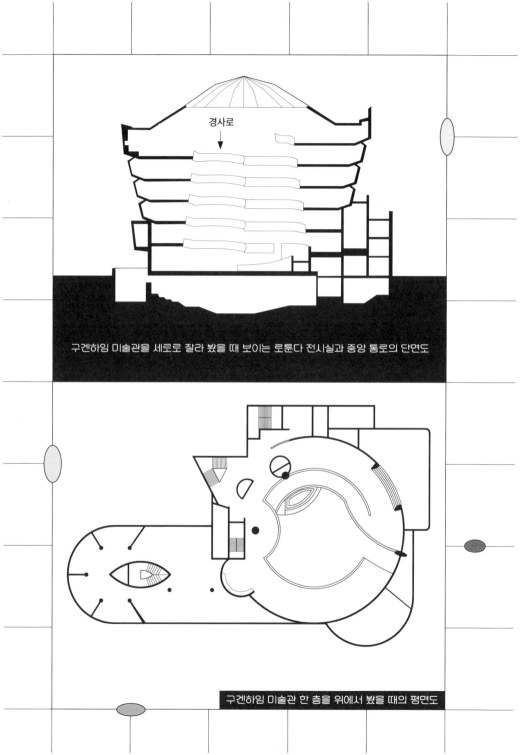

경사로

구겐하임 미술관을 세로로 잘라 봤을 때 보이는 로툰다 전시실과 중앙 통로의 단면도

구겐하임 미술관 한 층을 위에서 봤을 때의 평면도

속도로 빙글빙글 돌고 있는 내 자신을 발견할 수도 있었다. 이것이 건축가가 방문객들을 위해 만들어 놓은 미술관 산책로인 거 같다는 생각이 들었다.

"할머니, 이 미술관은 로툰다 때문에 사람들이 움직이는 동선이 꼬불꼬불하겠네요? 네모난 형태의 건물이었으면 동선이 직선이었을 텐데요. 공간의 형태에 따라서 사람들의 동선이 달라질 수 있는 거네요."

"그렇지. 다양한 형태의 건물을 경험하면 다양한 동선을 경험할 수 있지. 그런 기회가 다양한 생각과 시각을 가지게 하기도 한단다. 너희들 혹시 이런 이야기 들어 봤니? '형태는 기능을 따른다'."

"어, 들어 본 거 같긴 한데, 정확히 무슨 뜻인지 모르겠어요."

"루이스 설리번Louis Sullivan이라는 미국 건축가가 한 말인데, 건물의 형태는 그 기능과 목적에 맞게 지어져야 한다는 것을 의미해. 루이스 설리번은 이 미술관을 디자인한 프랭크의 멘토이기도 했어. 하지만 프랭크는 설리번의 이론과는 다른 생각을 가지고 있었지. 프랭크는 '형태와 기능은 하나다'라고 생각했어. 이 미술관은 프랭크의 그런 생각을 잘 반영했지. 구겐하임 미술

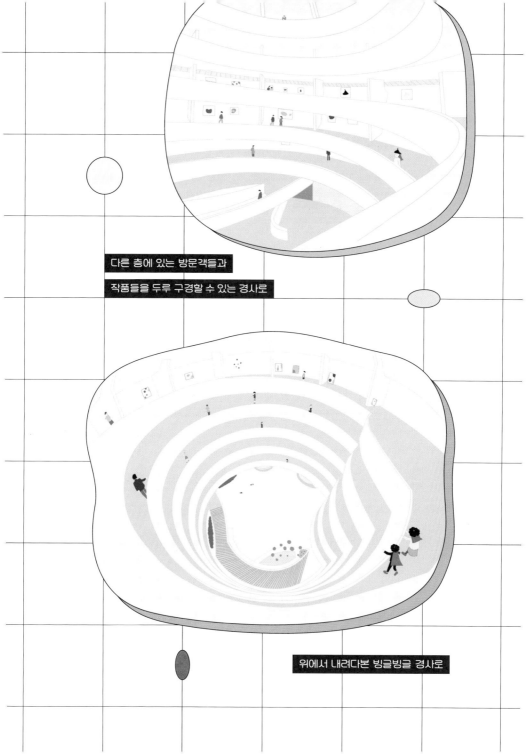

다른 층에 있는 방문객들과
작품들을 두루 구경할 수 있는 경사로

위에서 내려다본 빙글빙글 경사로

관은 방문객들이 건물에 들어와서 꼭대기까지 올라간 후 나선형 경사로를 따라 내려오면서 지속적으로 예술을 관람하며 즐길 수 있게 했지. 이 디자인은 처음엔 예술을 전시하기에 불친절하다는 혹평을 받았어. 하지만 이곳은 전통적인 그림부터 현대 조형 작품까지 다양한 전시회를 잘 소화하였고 독특한 디자인임에도 불구하고 변화하는 용도에 잘 적응했지. 프랭크는 이 미술관에 대해 이렇게 이야기했어. '내 디자인의 의도는 작품을 건물에 예속시키는 것이 아니다. 건물과 작품이 서로 어우러져서 아름다운 교향곡을 만드는 것이다'."

"와우 너무 멋진데요! 그런데 프랭크는 어떻게 다른 생각을 가지게 되었을까요?"

수는 호기심 가득한 얼굴로 할머니를 쳐다보았다.

"아주 흥미로운 질문이구나. 그는 어린 시절부터 많은 시간을 농장에서 보내면서 자연이 주는 신비로움을 만끽했단다. 자연은 프랭크에게 가장 큰 영감의 원천이 되었지. 학생들에게도 자연을 공부하고 사랑하고 가까이하라고 했어. 자연에서 영감을 많이 받은 프랭크의 건축을 유기적인 건축이라고 표현해. 유기적이라는 표현은 보통 식물이나 동물의 특징을 지닌 것에 많이 쓰는데 프랭크의 건축에서는 유기적이라는 표현이 다른 의미를 가지고 있어. 그가 생각하는 유기적인 건축은 주변의 세계와 조화를 이뤄서 자연의 원리를 보여 주는 거야. 건축은 장소와 시간의 산물이고 혼자서 우뚝 서 있는 것이 아니라 특정한 순간과 주변 장소와 밀접하게 연결이 되어 있어야 한다는 것이지. 그는 건축물은 주변 환경에 자연스럽게 스며들어서 자라나야 한다고 생각했거든. 그래서 그의 건축에는 종종 빛, 식물, 물과 같은 자연 요소들이 들어가 있어."

"그렇군요. 알면 알수록 건축은 단순히 건물을 짓는 것에서 끝나는 게 아니라 많은 사람들의 철학과 인생을 담고 있는 거 같다는 생각이 들어요."

우리는 꼬불꼬불한 경사로를 내려오면서 전시된 작품들을 감상했다. 다 내려오니 우리가 처음 들어와서 경사로를 발견한 곳에 도착해 있었다. 다시 한번 위를 올려다보았다. 많은 방문객들이 줄지어 로툰다를 내려오면서 예술을 즐기고 있었다. 건축가가 자신이 디자인한 원형의 경사로를 거닐면서 작품을 즐기고 있는 방문객들을 본다면 얼마나 뿌듯할까.

수의 일기

　처음에 두 건물에 도착했을 때 주변에 있는 건물과는 완전히 다른 모습을 가지고 있어서 낯설고 인공적인 느낌이 들었다. 실내에 들어가서도 처음에는 특이한 형태와 흰색으로 된 내부 때문에 차갑게 느껴졌다. 그런데 안으로 들어가서 건물 내부를 걸어 다니다 보니 형태 때문인지 사람들의 목소리가 잘 반사돼서 친근한 분위기가 느껴졌고, 흥미롭고 컬러풀한 예술 작품에 둘러싸이다 보니 조금씩 따뜻한 느낌을 받을 수 있었다. 또 바깥 풍경도 볼 수 있고 자연광이 들어오는 큰 창도 미술관 내부에 위치해 있어서 첫인상보다 밝고 환한 이미지로 점차 바뀌었다. 나도 모르게 건물과 예술 작품에 푹 빠져 마치 산책하는 것처럼 즐길 수 있었다. 후에 할머니랑 이야기하다가 알게 된 사실인데 갤러리가 오직 흰색과 무채색 벽으로 되어 있는 이유는 전시 작품을 돋보이게 하기 위한 것이며 창문이 별로 없는 것은 전시 작품을 잘 보존하기 위해서라고 한다. 멋진 경험을 하고 나니 나도 언젠가는 이런 특별한 경험을 여러 사람들에게 선물해 줄 수 있는 멋진 건물을 디자인해 보고 싶다는 생각이 들었다.

썬의 일기

　미술관은 나에게 힐링의 장소다. 이상하게 미술관에만 가면 마음이 편안해진다. 곰곰이 생각을 해 보니 나는 하얀 바탕의 넓은 공간을 좋아한다. 우리 집에는 물건이 많아서 항상 물건들로 가득 차 있는데, 미술관에 가면 드넓은 공간이 텅 빈 채 흰색 벽으로 구성되어 있는 것이 좋았다. 그리고 그 벽에 걸려 있는 예술 작품들, 공간을 잘 활용한 설치 미술품들을 감상하면서 그 공간을 돌아다니면 마음이 자연스럽게 편안해졌다. 내가 갖고 있던 모든 근심이 사라지는 느낌이었다. 예술이 우리에게 전달하는 미와 자유로움을 온전히 다 느낄 수 있었다. 이번에 할머니가 미술관을 탐방 간다고 했을 때 너무 신이 났다. 내가 잘 아는 공간을 방문하는 느낌이었다. 하지만 왠걸? 할머니랑 방문한 미술관들은 이때까지 내가 갔던 미술관과는 달랐다. 미술관에 가면 미술 작품을 보는 거에 집중을 했었는데, 이번 미술관들은 미술 작품 전에 건축물이 먼저 눈에 들어왔다. 건축을 통해 미술관의 정체성을 표현하고 있었다. 역동성과 원형과 같은 형태를 공간을 통해 오롯이 느낄 수 있었다. 결국 미술관 건물이 미술관에 있는 가장 규모가 큰 예술 작품이었던 것이다.

국립21세기미술관

National Museum of 21st Century Art

©Iwan Baan

자하 하디드 I 이탈리아 로마 I 2010년

현대 미술과 건축 전시를 하는 미술관이다. 자하 하디드가 디자인한 미술관으로 형태가 정해져 있는 네모난 건물이 아니라 여러 곡선이 서로 뒤얽혀 있는 유동적인 형태를 가지고 있다. 그래서 다양한 종류와 규모의 작품들을 전시할 수 있다.

동대문 디자인 플라자
Dongdaemun Design Plaza

자하 하디드 | 대한민국 서울 | 2014년

동대문 운동장을 철거하고 그 부지에 역사 문화
와 디자인을 경험할 수 있는 문화 공간인 동대
문 디자인 플라자를 지었다. 직각이 하나도 없
이 곡선으로만 이루어진 건물이다.

ⓒ서울디자인문화재단

자하 하디드 Zaha Hadid, 1950-2016년

이라크 출신의 건축가로, 여성으로 처음 프리츠커 상을 수상한 그는 전 세계를
대상으로 자신의 비전을 도발적인 건물들로 표현하였다. 모서리들이 부드럽고
벽들과 바닥, 천장이 섞이고 확장되어 마치 물이 흐르는 듯한 유기적인 구조가
특징이다. 최첨단 컴퓨터 프로그램과 이를 뒷받침하는 구조와 시공 기술을 통해
특유의 파격적이면서도 부드럽게 부유하는 역동적인 공간 미학을 보여 준다.

구겐하임 미술관

Solomon R. Guggenheim Museum

프랭크 로이드 라이트 | 미국 뉴욕 | 1959년

구겐하임 재단에서 만든 미술관. 멀리서도 튀는 흰색의 큰 나선 형태 건물로 뉴욕의 랜드마크이다. 프랭크 로이드 라이트가 자연과 유사한 모습을 구현하고자 형태를 통해 공간에 유기적인 흐름을 만들었다. 미술관에 들어가면 나선형 경사로가 1층에서 꼭대기 층까지 이어져 있고 경사로를 위에서 아래로 내려가면서 전시를 즐길 수 있다.

프랭크 로이드 라이트 Frank Lloyd Wright, 1867-1959년

20세기 미국을 대표하는 건축가이다. 자연과 어우러져 사는 삶을 추구해서 자연과 조화를 이루는 건축을 구현하였다. 그의 대표작으로는 식물의 형태를 딴 뉴욕 구겐하임 미술관과 폭포수 위에 지어진 별장, 낙수장 Fallingwater 이 있다.

5

도시
우리가 사는 도시에서 배우는 건축

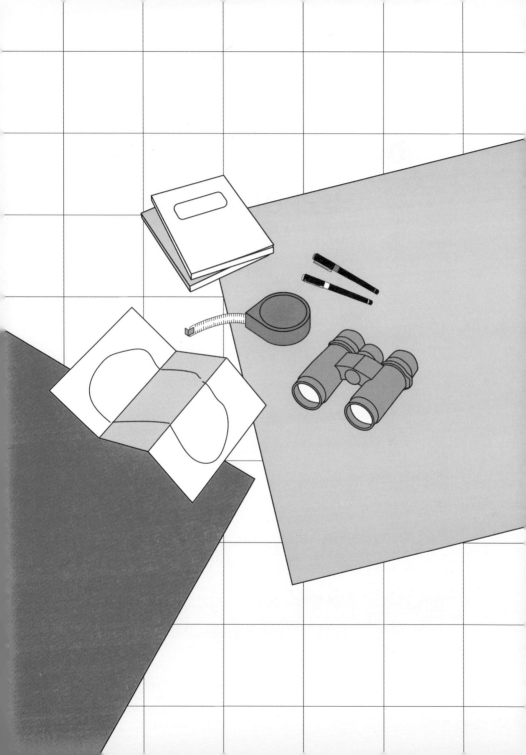

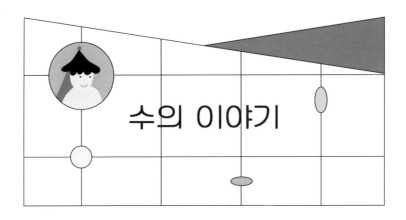

수의 이야기

직선과 곡선이 만난 도시, 파리

오늘은 수요일, 할머니를 만나는 날이다. 설레는 마음에 수업이 끝나기가 무섭게 비밀의 정원으로 향했다.

"천천히 오렴. 넘어지겠다."

나는 헉헉대며 숨을 골랐다.

"오늘은 어딜 가나요? 저 너무 기대돼서 어제 잠도 설쳤어요."

썬은 잔뜩 신이 나서 할머니 팔에 아이처럼 매달렸다.

"이렇게까지 기대하면 부담스러운데…. 흠, 오늘은 우리 동네를 벗어나서 좀 멀리 옆 동네에 가 볼까 해."

"옆 동네요? 옆 동네에 엄청난 곳이 있군요?"

나도 모르게 목소리가 커졌다.

"하하, 그건 아니고. 우리가 지금까지는 우리 동네에 있는 건축물들을 방문하면서 건축을 공부했잖니. 오늘은 건축물 하나하나씩 방문하는 게 아니라 그 건축물들을 둘러싸고 있는 동네를 살펴보고 건축물을 디자인하는 것과 도시를 설계하는 것은 어떻게 다른지, 건축물이 자신이 속해 있는 도시에서 어떤 식으로 어우러져 존재하는지에 대해서 알아볼 거란다."

우리는 할머니를 따라서 기차역으로 갔다. 몇 시간이 흘러 파리 역에 도착했다.

기차에서 내리자마자 할머니가 우리에게 가방을 건네셨다.

"자, 이것들 받으렴."

가방을 열어 보니 뭔가 잔뜩 들어 있었다.

"어, 이건…."

줄자, 망원경, 지도, 노트, 펜이었다.

"내가 오늘은 건축가답게 걸으면서 도시를 보는 방법을 알려 주도록 하마. 너희들 걷기 편한 신발 신고 왔지?"

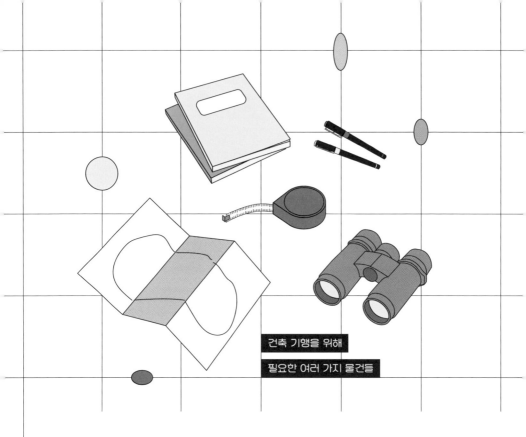

건축 기행을 위해
필요한 여러 가지 물건들

"네! 다행히 오늘 체육 수업이 있어서 운동화를 신고 왔어요."

"저도요."

"오, 우리 이제 제법 잘 통하는데. 자, 그럼 가 볼까?"

할머니는 특유의 장난기 가득한 미소를 띠며 앞서서 빠르게 걷기 시작했다.

"할머니 기다려요!"

우리는 할머니를 부지런히 뒤따라갔다. 걷고 걸어서 도착한 곳은 루브르 광장의 유리 피라미드 앞이었다.

"오늘은 파리 루브르 광장의 유리 피라미드에서 수업을 시작할까 해. 왜 그런지 아니?"

할머니가 물으셨다.

"유명한 건축물이잖아요. 학교에서도 와 본 적 있어요. 유명한 예술 작품도 많고요."

썬이 어깨를 으쓱하며 대답했다. 몇 번 와 봐서 비교적 잘 알고 있는 곳이었다.

"맞아, 유명하지. 하지만 우리가 유리 피라미드에 선 이유는 이곳이 바로 파리의 역사의 축 동쪽 끝 지점이라서야. 지도를 보면 이 피라미드 입구가 역사의 축 끝에 위치해 있어서 굉장히 상징적인 장소라고 할 수 있어. 참고로 이 유리 피라미드는 1983년에 아이오 밍 페이I.M. Pei라는 건축가가 디자인했단다."

"역사의 축이요? 그게 뭐예요?"

"역사의 축은 여기서부터 쭉 일직선으로 이어지는 거리를 부르는 별칭 같은 거야."

할머니가 루브르 광장의 유리 피라미드부터 그 앞으로 펼쳐진 길을 손가락으로 가리키며 이야기하셨다.

"여기 유리 피라미드에서 파리의 중심을 지나 서쪽 지역에 위치한 중요 역사 건축물들을 잇는 일직선을 '역사의 축'이라고 부른단다. 이 길을 쭉 따라서 걷다 보면 파리의 역사를 읽을 수 있어. 파리를 대표하는 유적지들이 일직선으로 이어져 있거든. 루브르 궁전, 콩코드 광장, 샹젤리제, 개선문, 포르트 마요, 라데팡스를 다 만날 수 있어."

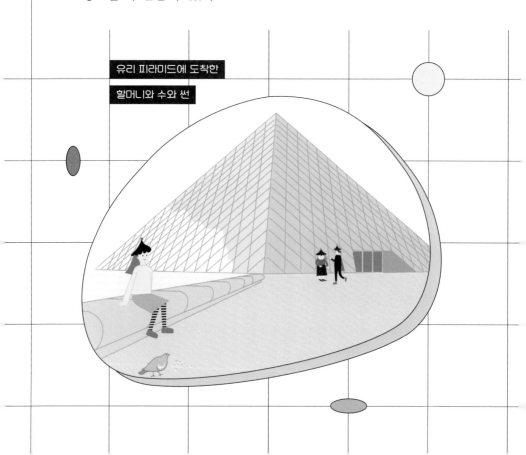

유리 피라미드에 도착한
할머니와 수와 썬

"역사의 축⋯."

나는 입으로 되뇌었다.

"파리에 처음부터 이렇게 일직선으로 쭉 뻗은 도로가 있었던 건 아니란다."

"그럼 이 도로가 언제 생긴 거예요?"

썬의 얼굴에 호기심이 가득했다.

"도시계획이 제대로 시작되면서 생겼지. 너희들 도시계획이 뭔지 아니?"

"말 그대로 도시를 계획하는 건가요?"

"계획하는 건 맞아. 건물을 지을 때 어떻게 지을지 도면을 그리듯이 도시를 어떻게 지을지 계획하는 도면이 있어. 좋은 도시가 되기 위해서는 좋은 도면이 필요하지."

"도시에도 도면이 있군요."

할머니의 흥미로운 설명은 계속되었다.

"도시에 필요한 복합적인 요소들을 계획하고 설계하는 게 도시계획이야. 사람들이 어디로 걸어 다니고, 도로는 어디에 배치하고 중요한 공공 시설, 학교, 병원, 은행 같은 것들은 어디 세우고, 상하수도는 어떻게 연결되고, 휴식 공간은 어디에 있는 게 좋을지와 같은 생각들을 여러 가지 요소들을 고려해서 조화롭게 도시를 계획하는 거지."

우리 도시를 떠올리며 할머니의 목소리에 귀 기울였다.

"도시에 사는 사람들의 관점에서 생각하는 거야. 스케일은 완전히 다르지만 집을 디자인할 때랑 비슷해. 집을 디자인할 때도 집을 사용하는 사람을 위해 부엌과 화장실 그리고 방들을 어디에 배치할 건지를 고민하고 디자인하잖니."

"아, 그럼 도시는 아주아주 많은 사람들이 사는 아주아주 큰 집이네요?"

"맞아. 크기도 훨씬 크고 사는 사람도 훨씬 더 많으니 좀 더 복잡하지만 기본 원리는 같아. 도시를 사용하는 사람들을 위해 설계된다는 점이야."

"근데 도시 설계와 같은 일도 건축가가 해요?"

"보통 도시 설계는 도시 설계사가 하지. 건축가들은 건물을 어떻게 지을지 디자인하고 도시 설계사들은 땅을 어떻게 사용할지, 도시에서 살아가는 사람들의 요구를 충족시키기 위해 어떤 것들이 필요한지를 파악하고 계획하지. 즉, 건축가는 건물 하나에 집중해서 일을 하지만 도시 설계사들은 도시라는, 건물들로 이루어진 훨씬 큰 사이즈의 땅을 디자인하지. 하지만 도시라는 큰 도화지에 들어가는 건물들은 건축가가 디자인하기 때문에 서로 밀접한 관계를 가지고 있어. 그래서 둘이 같이 일을 할 때도 많아. 좋은 건축가는 자기가 디자인하는 건물이 주변 환경과 어떤 관계를 맺을지 고민을 하고 디자인하지."

할머니의 설명을 들으며 길게 이어져 있는 길을 따라서 걸으니 오른쪽에 오르세 박물관이 보였고 어느새 튈르리 정원에서 나와 샹젤리제 거리에 이르렀다. 루브르 박물관에서 개선문을 향해 이어진 길에서 파리의 유명한 유적지들을 다 만나 볼 수 있었다.

"이 분수도 역사의 축과 관련이 있는 거네요? 지도를 보니 여기에 있는 오벨리스크▪도 역사의 축 안에 위치해 있는데요?"

"맞아, 우리가 사소하게 지나치는 것들도 사실 알고 보면 이야기가 있고 도시계획과 연관이 있단다. 도시를 공부할 때는 여러 가지 복합적인 요소들의 관계를 이해하는 게 중요해."

할머니는 설명을 이어 가셨다.

▪ Obelisk, 탑 모양의 기념비

"도시에 있는 것들은 다 존재하는 이유가 있고 서로 연관이 있단다. 그리고 또 계획된 것과 아닌 것들의 조화를 유지하는 게 핵심이지. 시민들의 의견을 받아들일 수 있고 언제든지 수정이 가능한 도시계획이 장기적으로 발전하고 진화하는 미래지향적인 도시를 만들 수 있어. 그래서 도시를 살아 있는 생명체에 비유하기도 하지."

"도시가 살아 있다는 생각은 한 번도 안 해 본 것 같아요. 진화하는 생명체라니. 머릿속에 재밌는 생각들이 많이 떠올라요. 꿈틀꿈틀한 도시 생명체라…. 그런데 이 균형이 깨지면 어떻게 되는 거예요?"

나는 불쑥 호기심이 일었다.

"인도네시아 자카르타는 제대로 된 도시계획이 없어서 시민들이 원하는 대로 길을 만들고 집을 짓다 보니 도시 스프롤 현상■이 일어나면서 예전의 파리처럼 교통 체증도 생기고, 위생 상태도 안 좋아졌단다. 최근에 대대적으로 도시계획을 다시 해

■ 도시가 급격하게 발전하여 부동산 가격이 상승하고, 도시 시설과 주택 공급이 부족해지며, 환경오염이 심해져 사람들이 도시 주변으로 이사를 가면서 도시 외곽이 무질서하게 커지는 현상.

서 개선 중이라는구나."

할머니의 설명을 들으며 자카르타의 모습을 머릿속에 그려 보았다.

"그와 반대로 브라질의 브라질리아는 도시계획을 너무 철저히 해서 시민들이 참여할 공간이 없어져 인간미가 없는 인공적인 도시가 되었지. 그리고 서울과 같이 과거 고려 시대에는 자연적인 지리를 고려해서 자연스럽게 도시를 계획했다가 현대에 와서 한국전쟁을 겪고 난 후 경제 성장과 과도한 인구 유입으로 인해 도시의 일부를 새롭게 계획하게 된 곳도 있단다. 자연스럽게 형성된 도시와 계획도시가 공존하는 거지. 이해가 좀 되니? 아이쿠, 벌써 시간이 이렇게 됐네. 우리 오늘 가 봐야 할 곳이 많으니까 좀 속도를 내서 걸어 볼까."

썬과 나는 부지런히 할머니의 뒤를 따랐다.

"할머니는 어떻게 나이 어린 우리보다 훨씬 더 빨리 걷지?"

"할머니는 지치시지도 않나 봐."

우리 애기를 들으셨는지 할머니가 뒤를 돌아보았다.

"너희 뭘 그렇게 소근거리니?"

"할머니 안 힘드세요? 전혀 지친 기색이 없으세요. 저희는 완전 지쳤는데…. 할머니는 진짜 체력이 좋으신가 봐요."

"내가 좋아하는 걸 하고 있으니까 안 힘든걸. 너희도 그렇지 않니? 너희는 어떤 걸 할 때 지치지 않고 즐겁니?"

"전 친구들과 수다 떠는 건 몇 시간을 해도 하나도 안 힘들더라고요."

썬은 말해 놓고 애교스런 표정을 지었다.

"저는 그림 그릴 때 시간 가는 줄 모르고 하게 되더라고요. 그림 그리다 보면 몇 시간이 휙휙 지나가던데요."

난 어릴 때부터 그림 그리는 것을 좋아했었다. 직업적으로 할 생각은 아니지만 지금도 틈날 때마다 그림을 그리곤 한다.

"그렇구나. 어느새 개선문에 왔네. 힘드니까 여기서 잠시 쉴까? 역사의 축은 여기서 끝나는 게 아니고 라데팡스까지 계속 연장되지. 여기 서서 봐 볼래?"

할머니는 개선문 중앙 쪽으로 오라고 손짓했다.

"여기 서서 보면 개선문 뒤에 겹쳐서 보이는 신 개선문 보이지? 저기가 라데팡스란다."

"아! 저기 멀리 있는 저 액자 같은 건물이 신 개선문이에요?"

"그렇지. 신 개선문 안의 빈 공간은 개선문의 사이즈와 같아.

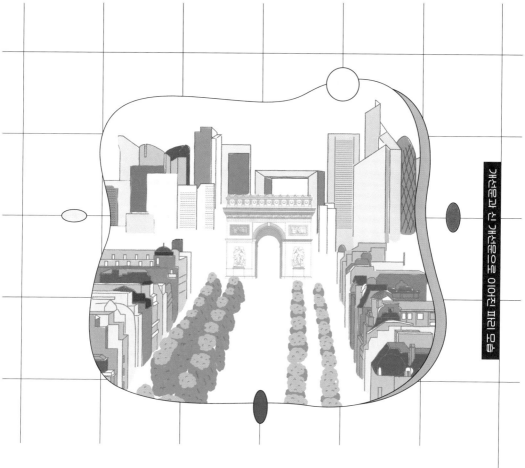

그래서 전체 크기는 개선문보다 훨씬 크지."

"와! 그런 것까지 계산하다니 좀 감동인데요? 라데팡스는 어떤 동네예요?"

"옛날 것을 보존하는 것이 중요한 파리는 예전에 지어진 오스만 시장 시대의 건물들을 그대로 유지했고, 새로 지어지는 건물들도 이 건물들보다 더 높게 못 짓도록 했지. 그래서 새롭게

197

지어지는 현대 건물들을 위한 지역을 따로 만들었는데, 그 지역이 라데팡스야. 라데팡스에는 현대적인 고층 건물들이 모여 있어. 자동차, 지하철, 기차와 같은 교통수단을 위한 도로와 주차장은 지하에 있고 사람들은 지상으로 올라와서 차가 없이 건물만 모여 있는 곳에서 활동을 할 수 있게 되어 있지. 즉, 모든 교통 시설은 지하에 위치해 있어서 차들과 대중교통으로 복잡하게 엉킨 도시들과는 다르게 지상에는 사람들만을 위한 공간으로 분리된 거야. 전설적인 건축가 르 코르뷔지에가 상상했던 미래의 도시와 많이 닮았지. 라데팡스는 파리의 맨해튼이라는 별명이 있어. 비슷한 점이 많이 있거든. 우리 다음 시간에는 또 다른 옆 도시 뉴욕의 맨해튼에 가 보자. 파리와 뉴욕 두 도시를 비교해 보면 재미있을 거야."

"좋아요!"

할머니 말이 끝나기 무섭게 우리는 동시에 대답했다.

"새로운 도시를 탐방하는 건 항상 신나는 일이에요. 너무 설레요."

썬이 말했다.

"근데 우리 지금까지 일직선으로 걸어오기만 했잖아. 좀 지루한 거 같지 않아? 이제 좀 재미있게 걸어 볼까?"

"재미있게 걷는 게 어떤 거예요?"

할머니의 장난기 가득한 미소에 나는 살짝 불안해졌다.

"지도 없이, 목적 없이, 본능, 직감, 느낌만으로 걸어 보는 거지! 어떨 거 같아?"

"네에? 해 본 적 없는데…."

"저도 항상 목적지를 향해 걸어가는 것밖에 안 해 봐서요. 학교 가거나 학원 가거나 그런 식으로만 걸어다녀서요…."

썬 역시 당황한 듯 보였다.

"1950-70년대 예술가들이 프랑스 파리에서 상황주의 운동 Situationist International Movement을 일으켰어. 그 당시 도시의 지루하고 무기력하고 평범한 일상 생활에 활기를 불어넣기 위해 도시와 건축을 재미있고 창의적으로 이용해서 일상을 더 특별하고 의미 있게 변화시키자는 목적으로 생겨난 운동이야. 그들은 자신의 느낌에 따라 거리를 여행하듯 걸어 다녔어. 그걸 데리브 dérive(표류)라고 해. 그리고 자신이 다닌 거리를 기록해서 지도로 만들기도 했어. 그런 식으로 자신만의 방법으로 도시를 재해석하고 이해한 거야. 도시에 어떤 점이 사람들을 어느 방향으로

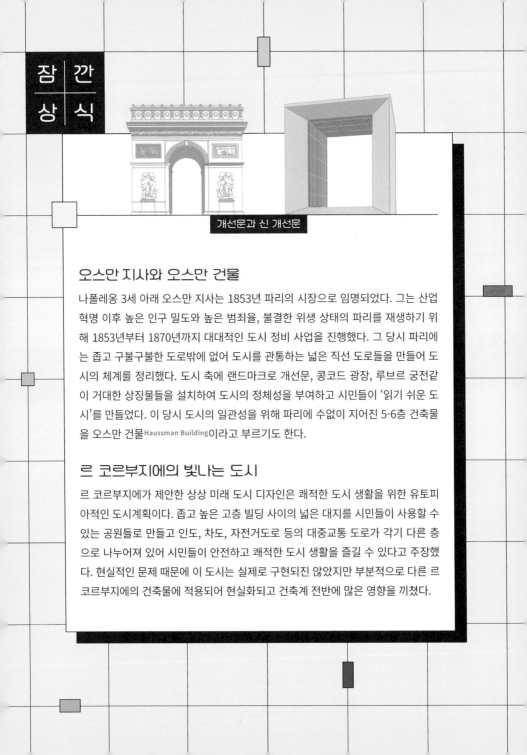

개선문과 신 개선문

오스만 지사와 오스만 건물

나폴레옹 3세 아래 오스만 지사는 1853년 파리의 시장으로 임명되었다. 그는 산업 혁명 이후 높은 인구 밀도와 높은 범죄율, 불결한 위생 상태의 파리를 재생하기 위해 1853년부터 1870년까지 대대적인 도시 정비 사업을 진행했다. 그 당시 파리에는 좁고 구불구불한 도로밖에 없어 도시를 관통하는 넓은 직선 도로들을 만들어 도시의 체계를 정리했다. 도시 축에 랜드마크로 개선문, 콩코드 광장, 루브르 궁전같이 거대한 상징물들을 설치하여 도시의 정체성을 부여하고 시민들이 '읽기 쉬운 도시'를 만들었다. 이 당시 도시의 일관성을 위해 파리에 수없이 지어진 5-6층 건축물을 오스만 건물Haussman Building이라고 부르기도 한다.

르 코르부지에의 빛나는 도시

르 코르부지에가 제안한 상상 미래 도시 디자인은 쾌적한 도시 생활을 위한 유토피아적인 도시계획이다. 좁고 높은 고층 빌딩 사이의 넓은 대지를 시민들이 사용할 수 있는 공원들로 만들고 인도, 차도, 자전거도로 등의 대중교통 도로가 각기 다른 층으로 나누어져 있어 시민들이 안전하고 쾌적한 도시 생활을 즐길 수 있다고 주장했다. 현실적인 문제 때문에 이 도시는 실제로 구현되진 않았지만 부분적으로 다른 르 코르부지에의 건축물에 적용되어 현실화되고 건축계 전반에 많은 영향을 끼쳤다.

향하게 하고 어느 골목을 피하게 하는지 직감적으로 해석한 거지. 그걸 심리지리학 Psychogeography 이라고 부르기도 해."

"목적 없이 방향을 정하는 게 가능할까요?"

"직접 해 보는 게 더 이해가 빠르겠다. 우리 중에 한 명이 앞장서고 나머지는 따라가 볼까?"

"제가 앞장설게요! 음, 왠지 오른쪽 도로가 햇빛이 더 많이 비쳐서 끌리는데. 우리 이리로 가요!"

썬이 햇빛이 가득해 보이는 골목을 가리키며 말했다.

"오, 저기 간판 이쁘다. 저쪽으로 가 볼까?"

"저쪽이 왠지 더 끌리는데?"

"여기 건물에 재미있는 문양이 있어요. 이리로 가 봐요. 사자 모양의 문양이 건물 입구에 있네요. 건물을 지켜 주는 걸까요?"

"저기는 잎사귀 모양의 문양으로 뒤덮여 있는 건물이 있다!"

"여기 너무 이쁜 거 같아."

썬을 따라 이리저리 끌리는 대로 다니는 게 생각보다 너무 재미있었다.

"저 집 대문 완전 내 스타일! 저기로 가서 가까이 보자."

"저기 멀리 귀여운 갈색 강아지 산책한다. 따라가 보자."

강아지가 다다른 곳은 공원 입구같이 보이는 공동묘지 입구
였다. 사람들이 공동묘지에서 자유롭게 산책을 하고 있었다.

"이 동네는 처음 와 보는 거 같은데. 도심 안에 이렇게 공동
묘지가 자연스럽게 있다니 신기하지 않니? 무섭지도 않고 공원
처럼 자유롭게 거닐기 좋은 여유로운 분위기구나."

할머니도 즐거워 보이셨다.

우리는 도시를 느낌만으로 한참을 걸어 다녔다. 무언가 목적

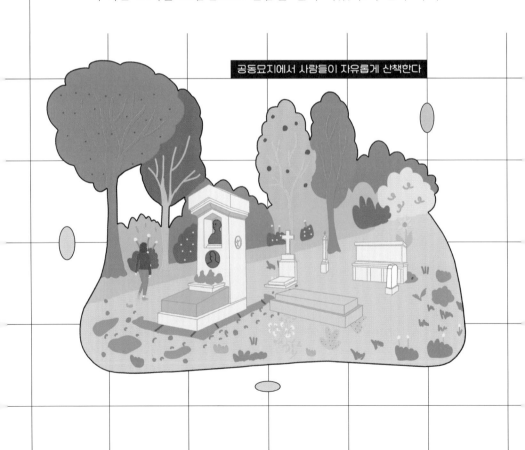

공동묘지에서 사람들이 자유롭게 산책한다

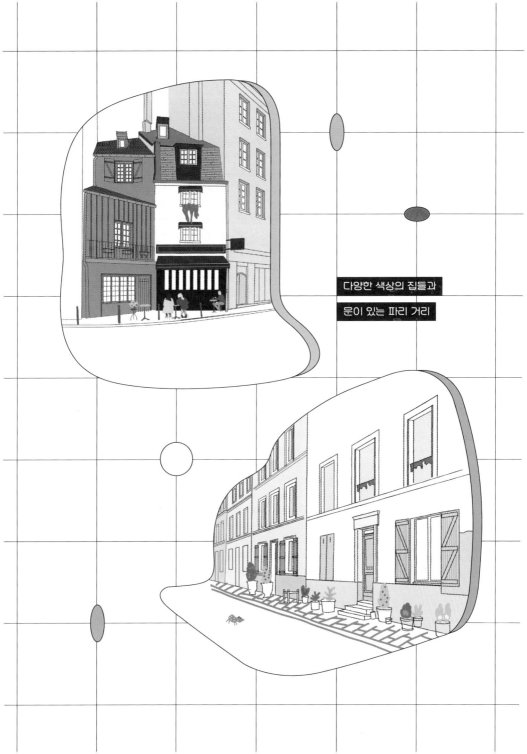

다양한 색상의 집들과

문이 있는 파리 거리

을 두고 걷는 게 아니라 그 순간에 보이고 느끼는 것만으로 방향을 결정하며 도시를 걸으니 길거리 사소한 것 하나하나에도 관심을 가지고 보게 되었다. 새로운 느낌으로 도시와 소통하는 느낌이 들었다.

"음 여기 여기!"

썬이 손짓했다.

"저쪽에서 맛있는 크레페 냄새가 나는 거 같은데, 우리 저쪽으로 가 볼까요?"

썬을 따라 나도 달려갔다.

"어, 진짜 크레페 가게들이 있네? 우리 크레페 하나씩 먹을까?"

본능적으로 음식점을 찾아낸 썬은 무척이나 뿌듯해했다. 할머니가 사 주신 크레페를 하나씩 들고 다시 돌아다녔다.

"우연히 느낌만으로 찾아서 그런지 더 맛있는 거 같아요."

"그러게. 친구들이랑 맛집 찾아서 파리에 많이 와 봤지만 여기 이렇게 맛있는 크레페 집이 있는지 처음 알았구나."

할머니도 크레페 맛에 반했는지 맛있게 드셨다.

"근데 저기 저 건물은 뭐지?"

크레프를 먹으면서 걷고 있던 썬이 뭔가를 가리켰다. 비슷하게 생긴 건물들 옆에 유리로만 만들어진 벽이 반짝이고 있었다.

할머니가 반가운 듯 유리 벽 앞에 섰다.

"걷다 보니 여기까지 왔구나. 카르티에 재단Cartier Foundation 건물이란다. 재미있는 건축물이야. 프랑스 건축가 장 누벨Jean Nouvel이 디자인한 건물인데, 이 벽이 파리의 전통적인 건물의 파사드facade 높이와 같아서 길을 따라 쭉 걷다 보면 이곳이 그다지 눈에 띄지 않지만 유리라는 재료를 쓴 굉장히 현대적인 건물이지. 우리 가까이 가서 볼까?"

할머니는 투명해 보이는 벽을 가리키며 말씀하셨다.

"파사드가 무슨 뜻이에요?"

"건축 용어라서 설명이 필요하겠구나. 파사드는 건물의 외관과 외벽을 뜻하는 단어야. 이 건물의 파사드는 도로를 향해 있는 이 벽이지. 얼굴face이라는 단어에서 파생된 단어라고 생각하면 이해하기 쉽겠구나."

"건물의 얼굴이군요!"

"그렇지!"

"엥, 근데 이게 뭐예요?"

카르티에 재단 건물에 가까이 다가가서 보니 멀리서 보이던 유리 벽은 건물이 아니라 그냥 홀로 서 있는 벽이었다.

"진짜 건물은 유리 벽에서 조금 떨어져 있네요?"

"이 벽은 옆에 있는 다른 건물들과 이어져 도시 구조urban fabric를 유지하기 위해 서 있는 거고 사실 진짜 건물은 뒤에 공원 쪽에 위치해 있지."

"도시 구조를 유지한다고요?"

"음, 파리는 돌아다니면서 봤듯이 건물 높이가 8미터로 일정해. 그 일정한 건물의 파사드 높이가 파리 전체 도로에 죽 이어지지. 그게 파리의 도시 구조인 거야. 도시를 큰 천이라고 생각한다면 파사드는 큰 천의 한 조각인 거지. 거의 같은 크기의 파사드가 연결되어 있다가 갑자기 전혀 다른 파사드의 건물이 세워지면 그 건물만 튀고 도시 전체의 조화가 깨지겠지?"

"천의 일부가 삐죽 비어져 나온 느낌이겠네요."

"맞아, 이 유리 벽은 도시 풍경의 조화로움을 위해 옆의 건물과 같은 높이로 나란히 이어서 만든 거야. 도시의 일부분이 되고자 한 노력이지. 건축가들은 건물을 디자인할 때 단순히 그 건물의 용도나 형태만 생각하는 게 아니라, 건물은 도시의 일부

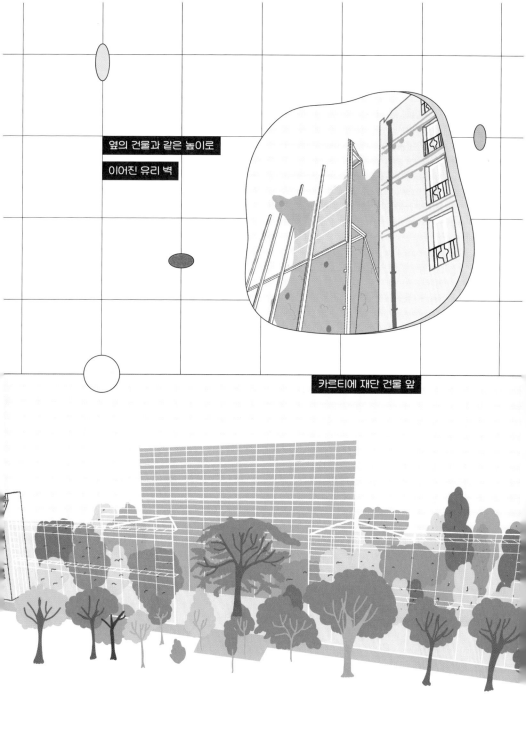

옆의 건물과 같은 높이로
이어진 유리 벽

카르티에 재단 건물 앞

분이기 때문에 그 주변과 함께 조화를 이루려고 하지. 그래서 건물을 디자인할 때 첫 번째로 할 일이 도시를 분석하고 파악하는 거란다."

유리 벽을 따라 걷다 보니 안으로 들어가는 길이 있었고 거기에는 나무와 풀들이 많이 있었다. 그 사이를 쭈욱 걷자 유리 벽과 비슷한 유리로 이루어진 건물이 보였다. 썬은 건물의 유리 벽을 통통 쳐 보았다.

"이게 앞에서 봤던 유리 벽의 본 건물이란다. 보다시피 이 건물은 철근 구조로 이루어져 있고 모든 면이 유리 벽으로 되어 있어. 그래서 가벼운 느낌이 들지. 유리 벽은 실내가 다 보이잖니. 실내가 안 보이는 벽돌이나 콘크리트로 만들어진 건물에 비해 무게감이 느껴지지 않는 게 특징이지."

"건물이 가볍다는 말은 정말 신기한 표현인 것 같아요. 건물을 표현할 때 흔하게 쓰지 않을 거 같은 말인데요."

"이 건물을 디자인한 장 누벨이라는 프랑스 건축가는 혁신적이고 기발한 건축물을 디자인하는 걸로 유명해. 그리고 그가 디자인한 건물들은 아주 시적이지. 이 건물처럼 말이야. 이 건물 같은 경우에는 건물의 부피감과 경계를 희미하게 만들려고 했어. 보통 건물은 어디를 가나 형태나 존재가 두드러지고 그 형태의 경계가 분명하게 보이잖아. 예를 들어 옆에 있는 이 건물을 보면 석회암으로 만들어져서 형태가 뚜렷하고 건물의 시작과 끝이 어딘지 분명히 보이지. 하지만 장 누벨이 디자인한 카르티에 재단 건물은 유리 벽으로 이루어져 있어서 뒤의 풍경이나 실내가 다 비쳐 건물의 형태나 경계가 뚜렷하지 않지. 이 건축가는 아마도 건축에 대해 새롭게 바라볼 수 있는 시선을 제공하고자 이 건물을 지었을 거야."

건축가의 의도를 알고 보니 건물이 조금 다르게 보였다. 카르티에 재단 건물 주위를 둘러보다가 지친 우리는 큰 나무 밑에 앉았다. 나무가 우거져서 시원했다.

"여기서 오늘 너희들이 걸어온 거리를 한번 그려 볼래? 지도처럼 정확하게 그리는 게 아니라 기억에 남는 느낌대로 말이야."

"아, 그래서 아까 할머니가 노트랑 펜을 주셨군요."

드디어 의문이 풀렸다.

"그렇지. 걸어 다닌 길을 지도같이 그려도 되고 보이는 건물이나 풍경을 스케치해 봐도 괜찮아. 사진이나 실물로 보는 거랑

카르티에 재단을 위에서 본 모습

앉아서 자연을 느낄 수 있는
야외 공간

유리 벽으로 이루어진
본 건물

유리 벽

은 완전 다른 경험일 거야. 왜냐면 그림은 너희의 해석이 담기거든. 선을 하나하나 그리다 보면 그 선이 무얼 의미하는지 왜 그 선이 있는 건지 생각하게 되니까. 그러면서 주변을 관찰하고 표현하는 방법을 배우는 거야."

"그럼 전 골목길을 그려 볼래요. 저는 처음 걸은 일직선 도로보다 구불구불한 좁은 거리가 더 좋았어요. 쌩쌩 달리는 차들도 없고 좀 더 아늑하기도 하고요. 넓은 일직선 도로를 걸을 때는 뭔가 확 트이는 느낌도 있고 시원한 느낌도 있지만 그래도 전 작고 아기자기한 게 좋아요."

썬이 말했다.

"그렇구나. 여러 가지 형태의 도로는 각각의 용도가 있어서 생겨난 거기 때문에 장점도 있고 단점도 있지. 너희도 나중에 운전을 하게 되면 큰 일직선 도로를 좋아하게 될지도 모른단다."

우리만의 지도를 그리며 수다를 떨다 보니 어느새 해가 지기 시작했다.

"오오! 해가 지니까 유리에 반사되는 게 없어지면서 완전 투명해졌어요. 여기 있던 벽이 마치 사라진 것 같아요. 뒤에 전시장이랑 나무들이 더 또렷하게 보여요!"

카르티에 재단 유리 벽을 보며 썬이 신기한 듯 외쳤다.

"이 건물이 그래서 별명이 있어. 바로 공원의 귀신이야."

"네? 귀신이요?"

나는 눈이 동그래졌다.

"길가에 있는 유리 벽 사이로 들어오면 나무와 꽃들로 이루어진 정원이 있어서 밖에서 지나가다 보면 유리 벽으로 초록 나무들이 보이잖니. 이 유리 벽 때문에 외부와 내부의 경계가 희미해지지. 이 건물의 부피감과 경계를 희미하게 만들어 주기도 하고. 그래서 어떤 이들에게는 이곳이 그냥 정원으로 보이고 어떤 이들에게는 경계가 애매한 가벼운 느낌의 건물로 다가가기도 한단다. 유령처럼 형태가 불분명하고 시간에 따라 정원이 보였다가 건물이 보였다가 해서 그런 별명이 붙었지."

"으악, 전 좀 무서워요!"

왠지 등골이 으스스해지는 기분이었다.

건축 박물관, 뉴욕

오늘은 수요일. 하지만 다른 수요일이랑은 다르다. 할머니와의 마지막 수업이기 때문이다. 할머니는 급한 공사 일정 때문에 다시 외국에 나가셔야 한다. 아직은 마지막이라는 게 실감이 나지 않는다.

"여기 주차하면 되겠다."

할머니와 썬과 뉴욕의 맨해튼에 도착했다.

할머니는 현대적으로 보이는 큰 건물 앞에 차를 세웠다. 차에서 내리자마자 저마다 개성 있는 옷차림을 한 수많은 사람들이 바쁘게 어딘가를 향해 걸어가는 모습에 잠시 넋이 나갔다.

"맨해튼은 인구도 많고 가장 번화한 곳이라고 듣기는 했는데, 진짜 사람도 많고 차도 많고 높은 빌딩도 많고 정말 번잡하네요. 여기서 어디로 가는 건가요?"

"저기 휘트니 미술관이라고 써 있는 거 보이지?"

"미술관요? 저는 미술관이 제일 좋아요!"

썬이 신나서 외쳤다.

"오늘은 미술관에 가는 건 아니고, 공원에 가려고 해."

"아…."

"오늘 가는 공원은 건축 박물관 같달까?"

조금은 실망한 듯한 우리의 표정을 보고 할머니가 말씀하셨다.

"건축 박물관 같은 공원이요? 여기서 걸어갈 수 있나요?"

"그럼. 바로 저 위에 있어."

할머니는 오래되어 보이는 높은 육상 다리를 가리켰다.

"엥?"

전혀 공원 같아 보이지 않는 형태였다. 보통 공원 하면 넓은 초록 잔디와 나무를 상상하는데, 육교 위에 있는 나무들이라니.

신기하게도 계단을 올라갔더니 정말 공중에 떠 있는 공원이 눈앞에 펼쳐졌다. 걷는 사람들, 관광하는 사람들, 앉아서 책을 보는 사람들, 그냥 멍 때리는 사람들, 다양한 사람들이 공원을 즐기고 있었다.

"이 공원은 왜 위에 떠 있어요? 너무 특이해요. 위에 있으니까 풍경이 정말 좋아요! 이건 누가 디자인했어요?"

흥분한 썬이 질문을 해 댔다.

"썬이 궁금한 게 많구나. 이 공원의 이름은 하이라인High Line

이라고 한단다. 우리 이 하이라인을 따라 걸어 볼까? 걸어가면서 설명해 줄게."

우리는 끝이 안 보이는 긴 하이라인을 산책하기 시작했다. 잠시 후 나무랑 풀이 심어져 있는 특이한 공간이 눈에 띄었다.

"이 공원은 특이하네요. 기찻길에서 영감을 받은 건가 봐요?"

나는 오래된 철도 같은 것이 보여서 물었다.

"역시 수는 눈썰미가 좋구나. 이 공원은 기찻길을 재활용한 공간이란다."

"진짜요?"

"예전에 실제로 기차가 다니던 기찻길이야. 여기 있는 벤치들도 바퀴가 철도에 놓여 있어서 움직일 수 있어. 기차 사용이 줄어들고 이 주변을 개발하면서 기찻길 일부분이 철거되었지. 그래서 1980년부터 이 고가 철도는 버려지고 잊혔단다. 그 당시의 뉴욕 시장은 쓸모없는 구조물이라 생각해서 그냥 없애버리고 싶어 했는데 하이라인의 친구들Friends of the High Line이라는 비영리 단체가 꾸준히 하이라인의 가치를 보존하고 재활용하려는 노력을 했어. 일반인들에게도 이곳의 가치를 알리기 위해서 유명한 사진작가를 고용해 1년 동안 하이라인을 사진으로

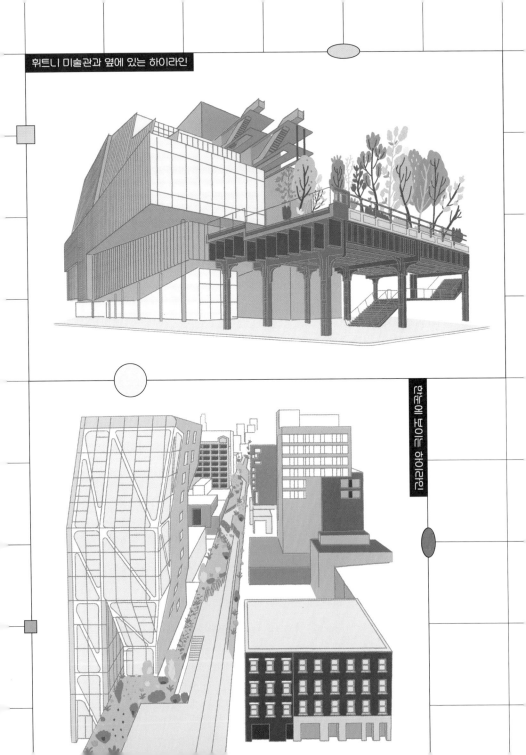

맨눈에 보이는 하이라인

기록하도록 했지. 그 사진들을 바탕으로 사진전을 열었는데 사진 속 버려진 기찻길이 너무 아름다워서 사람들은 충격을 받았어. 오랫동안 방치되어 각종 잡초들과 나무들로 가득했는데 그것들이 어느새 아름다운 정원이 되어 있었던 거야. 사진전을 통해 시민들은 하이라인의 아름다움과 그 공간의 가치를 알아 가기 시작했어. 유명 패션디자이너, 연예인들, 영향력 있는 사람들이 꾸준히 기부도 하고, 아이디어 공모전도 열어서 하이라인을

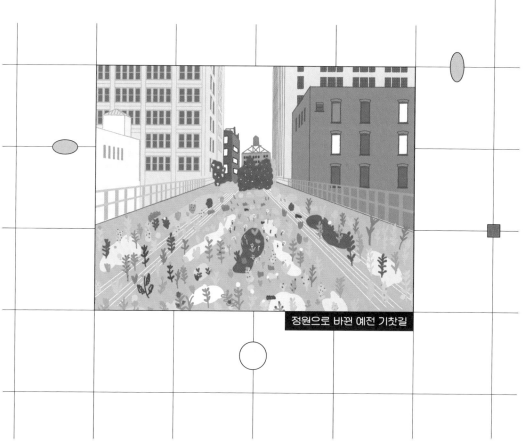

정원으로 바뀐 예전 기찻길

널리 알렸지. 그때 정말 재미있는 아이디어가 많이 나왔어. 철도 공원에 수영장, 놀이공원을 만들자는 등 참신하고 흥미로운 의견들이 쏟아졌지. 시민들과 정부 관계자들은 그런 아이디어를 통해 하이라인의 가능성을 본 거야. 그리고 결국 그 당시 새로 임용된 뉴욕 시장 블룸버그Michael Rubens Bloomberg가 버려진 철도를 공원으로 바꾼다는 공식적인 계획을 발표했어.”

“발상의 전환이네요. 버려진 기찻길을 재활용해서 사람들이 걸어 다닐 수 있는 공원으로 만들다니요.”

“기찻길이다 보니 기본적으로 길이 길게 뻗어 있고 도시의 여러 곳을 연결시키는 장점이 있어. 도시 어디에서나 쉽게 접근할 수 있게 입구도 11개나 나 있는데 휠체어를 탄 사람이나 계단을 걷기 힘든 사람들을 위해 엘리베이터도 설치되어 있단다. 그래서 모두를 위한 공원이 되었지.”

나는 건축가가 이런 일을 다 하긴 어렵지 않을까 하는 생각이 들었다.

“이 공원은 건축가가 한 건가요? 공원이니까 조경건축가가 디자인한 건가요? 아님 도시 설계가가 디자인한 건가요?”

“모두 다야. 이 프로젝트는 복합적인 요소가 많다 보니 도시 설계와 건축 설계 그리고 조경 디자인이 서로 밀접하게 관계되어 있어. 관련된 이들이 함께 일하면서 개발된 프로젝트인 거지. 주 설계 팀은 제임스 코너/필드 오퍼레이션James Corner/Field Operations, 건축 협력은 딜러 스코피디오+렌프로Diller Scofidio+Renfro, 조경 디자이너는 피에트 우돌프Piet Oudolf이지. 그리고 아까 말한 비영리단체인 하이라인의 친구들과 뉴욕시가 공동 작업한 프로젝트야."

"정말 멋진 프로젝트네요. 저도 이렇게 복합적이고 도시에 큰 변화를 줄 수 있는 프로젝트를 해 보고 싶어요. 하이라인이 도시와 연결되는 걸 그림으로 그리면 재미있을 거 같아요."

"나도 나도. 난 여기에 좀 작고 아기자기한 벤치 디자인 같은 것도 해 보면 재미있을 거 같아."

썬이 눈을 반짝거리며 말했다.

"아 진짜? 그럼 우리도 나중에 콜라보 해도 재밌겠다."

"그러게! 생각만 해도 너무 신난다!"

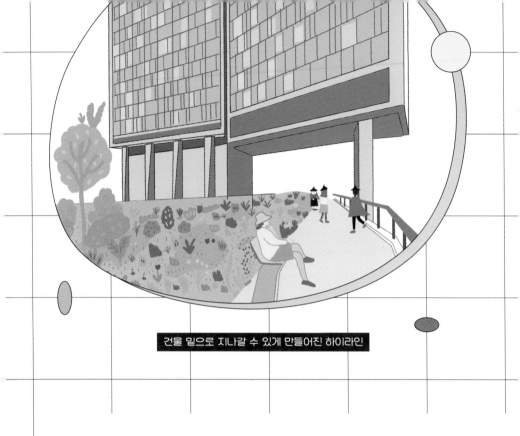

건물 밑으로 지나갈 수 있게 만들어진 하이라인

　우리가 도시에 멋진 공간을 함께 만든다니 생각만으로도 설레고 신이 났다. 우리가 이렇게 들떠 있는 모습을 할머니는 흐뭇하게 바라보셨다.

　하이라인을 계속 걸어가다 보니 어느 큰 건물의 중앙과 연결되어 있었다.

　"오, 이 건물 중앙을 통과할 수 있는 건가요?"

　"그럼. 여기는 스탠더드 호텔이란다. 좀 더 걷다 보면 첼시마켓Chelsea Market이라는 큰 시장 건물도 통과하게 되지."

"다음엔 어디를 지나게 될지 기대가 돼요."

유리로 된 고층 건물인 스탠더드 호텔 건물과 고층 사무실 건물을 차례로 통과하자 벽돌로 된 오래돼 보이는 6층짜리 건물이 앞에 보였다.

"할머니, 저기가 첼시마켓인가요?"

"맞아."

터널 가까이 가자 작은 상점들과 카페들이 보이기 시작했다.

"여기 마켓에는 재밌는 게 많아요? 할머니, 저희 건물 안에 들어가면 안 돼요. 한번 보고 싶어요."

썬이 애교스럽게 할머니 소매를 잡아당겼다.

"그래, 한번 들어가 볼까?"

"우아~."

터널을 통과하고 계단을 찾아 하이라인에서 내려와 첼시마켓의 1층 입구로 들어서자 슈퍼마켓, 치즈 가게, 선물 가게, 서점, 옷 가게, 음식점, 카페, 베이커리 등 다양한 상점들이 저마다 개성 있는 모습으로 손님을 기다리고 있었다. 평소에 쇼핑몰을 좋아하는 우리들은 신이 나서 이곳저곳 둘러보기 시작했다.

"근데 이 건물은 오래된 느낌이에요."

낡아 보이는 벽돌 벽을 가리키며 썬이 말했다.

"오래됐지. 1890년도에 지어져서 1958년까지는 오레오 쿠키를 생산하는 공장이었어."

"네?! 백년도 넘은 건물이라고요?"

"그렇단다. 아주 오래된 건물이지. 그리고 1990년대에 지금의 형태로 재개발됐어. 지금은 1층과 지하는 쇼핑 공간이고 위층은 사무실들로 사용되고 있는 복합 건물이야."

"예전의 쿠키 공장이 이런 용도로 재활용되는 게 특별하네요. 어, 갑자기 어디서 쿠키 냄새가 나는 것 같은데?"

"나도 난다. 분명히 이건 초콜릿 쿠키 냄새야!"

"너희는 먹는 거에는 정말 남다른 촉이 있구나? 여기 유명한 쿠키 가게가 하나 있지. 이쪽으로 오렴."

건물이 익숙한 듯 할머니는 우리를 이끄셨다.

"기존에 있던 건물을 다시 사용하면 여러 가지 장점이 있어."

"어떤 점이요?"

"오래된 공간이 계속 남게 되니 도시의 역사를 지킬 수 있고, 새로 건물을 안 지어도 되니 자원을 아낄 수 있지."

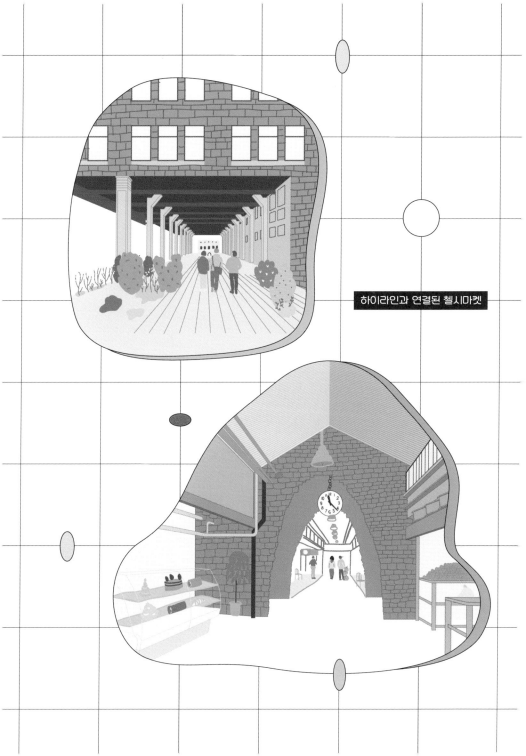

하이라인과 연결된 첼시마켓

"아, 그렇구나! 기찻길을 재활용한 하이라인처럼 말이죠?"

"그렇지."

할머니는 내 대답이 맘에 드셨는지 환하게 미소지었다.

"그러면 예전에 하이라인이 공원이 되기 전에 기찻길로 사용되었을 때도 이 건물이 이 자리에 있었겠네요?"

"그럼. 기차가 공장까지 직접 물건을 배달할 수 있게 편리를 위해서 기찻길이랑 건물이 같이 있었던 거지."

할머니는 설명을 이어 갔다.

"하이라인 주변의 건물 중에 일부 건물들은 예전부터 산업 시설로서 기찻길과 가까운 위치에 지어졌고 또 어떤 건물들은 하이라인이 공원으로 바뀐 이후에 공원 같은 편의시설을 이용하기 편하도록 근처에 지어졌지. 예전과는 다른 이유로 하이라인은 도시에서 중요한 역할을 하고 있는 거야. 너희들, 듣고 있니?"

베이커리에 도착한 뒤 썬과 나는 쿠키 메뉴판에 정신이 팔려 있었다.

"그래, 일단 쿠키나 먹자."

포기한 듯 할머니가 가게 안으로 들어서셨다.

우리는 달달한 냄새를 풍기는 쿠키를 하나씩 손에 들고 행복한 얼굴로 첼시마켓을 나와 다시 하이라인으로 올라갔다.

"하이라인은 시민들이 만들어 낸 도시계획의 훌륭한 사례 중 하나야. 시에서 정하는 대로 도시를 받아들이는 게 아니라 시민들이 비영리단체를 만들어서 도시에 큰 변화를 만든 거지. 이 공원은 맨해튼뿐만 아니라 전 세계에 큰 영향을 끼쳤거든. 지금은 뉴욕을 방문하는 사람들이 제일 많이 찾는 가장 큰 관광지이기도 해. 맨해튼의 서쪽 지역인 하이라인의 개발로 인해 주변 땅들의 가치도 상상 못 할 만큼 많이 올랐지. 그러다 보니 전 세계 다른 도시들도 오래된 기찻길이나 공장을 재활용하는 유행이 생겼어. 우리나라에도 서울에 경인선 숲길이 있지."

"어떻게 이런 생각을 했을까요?"

"그게 바로 좋은 건축가의 덕목이지. 상상력! 좋은 건축가들은 상상력도 뛰어나지. 보통 하는 일이 무에서 유를 창조하는 일이니까. 아무것도 없는 땅에 새로운 건물을 상상한다든가, 기존에 있던 구조물을 새로운 용도나 디자인으로 변신시키는 일을 하잖니."

평소에 공상도 많이 하고, 상상도 많이 하는 나에게 건축은 어쩌면 진짜 잘 맞는 일일지도 모르겠다는 생각이 들었다.

"하이라인은 관광객뿐만 아니라 뉴욕 시민들도 산책로로 많이 이용해. 차가 많은 복잡하고 정신없는 도로와 분리되어 있으니까 산책하기 좋지."

"네. 위에 올라와 있으니까 번잡한 도시가 아래에 있다는 사실을 까맣게 잊게 돼요. 여기서 보이는 건물들과 풍경도 재밌고요."

우리는 뉴욕의 풍경에 푹 빠져 넋을 놓고 바라봤다.

"자, 여기."

할머니가 우리에게 망원경을 건넸다.

"도시를 걸어 다닐 때 망원경이 있으면 먼 곳까지 더 자세히 볼 수 있단다."

망원경으로 보니 도시가 색다르게 보였다. 무척 신기하고 재미있었다.

"뉴욕의 맨해튼은 파리에 비해 고층 건물이 정말 많네요? 도로 형태가 구불구불한 파리랑은 다르게 일직선으로 쭉쭉 뻗어 있어요."

"너희들, 도시에 관해 공부를 좀 하더니 제법 보는 눈이 생겼구나. 맨해튼의 마천루는 세계적으로 유명하지. 맨해튼이 산업의 중심지가 되기 시작하면서 인구가 폭증한 것과 동시에 강철 구조물 건설의 발전, 그에 따른 엘리베이터의 발달로 인해 자연스럽게 1900년부터 고층 빌딩이 등장했어. 그때부터 오늘날까지 새로운 고층 건물이 끊임없이 지어지고 있지. 각 시대를 대표하는 다양한 스타일의 건물도 굉장히 많단다. 신고전주의인 보자르 양식Beaux-Arts style, 기하학적인 아르데코Art Deco, 모던하고 현대적인 스타일의 건물들이 있지. 세계에서 고층 건물이 가장 많은 도시야. 그래서 뉴욕을 살아 있는 고층 건물의 역사 박물관이라고 부르기도 해. 저기 저 납작하게 아치 형태가 위로 쌓인 건물은 완공된 1930년 당시 세계에서 가장 높았던 크라이슬러 빌딩Chrysler Building이란다. 이듬해 엠파이어 스테이트 빌딩Empire State Building이 건설되기 전까지 말야."

"엠파이어 스테이트 빌딩은 영화에서도 자주 봤어요. 뉴욕은 사람들만큼 건축물도 참 다양하네요. 그래서 뉴욕이 역동적이고 흥미롭게 느껴지나 봐요."

"파리랑은 다르게 여러 인종과 문화가 모이다 보니 디자인도 자연스럽게 다양해진 게지."

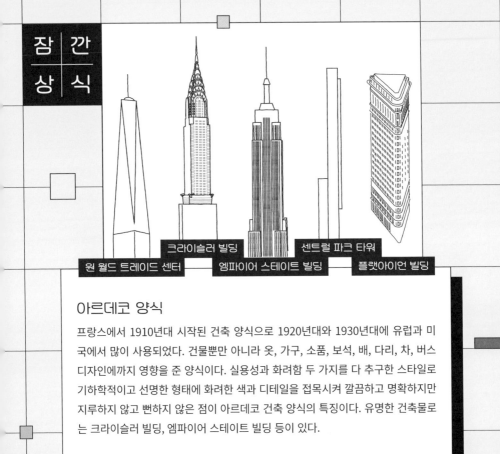

크라이슬러 빌딩

원 월드 트레이드 센터

엠파이어 스테이트 빌딩

센트럴 파크 타워

플랫아이언 빌딩

아르데코 양식

프랑스에서 1910년대 시작된 건축 양식으로 1920년대와 1930년대에 유럽과 미국에서 많이 사용되었다. 건물뿐만 아니라 옷, 가구, 소품, 보석, 배, 다리, 차, 버스 디자인에까지 영향을 준 양식이다. 실용성과 화려함 두 가지를 다 추구한 스타일로 기하학적이고 선명한 형태에 화려한 색과 디테일을 접목시켜 깔끔하고 명확하지만 지루하지 않고 뻔하지 않은 점이 아르데코 건축 양식의 특징이다. 유명한 건축물로는 크라이슬러 빌딩, 엠파이어 스테이트 빌딩 등이 있다.

보자르 양식

1830년대부터 1900년대 말까지 계속된 신고전주의 건축 양식. 에콜 데 보자르École des Beaux-Arts라는 프랑스 파리의 미술대학에서 시작되었으며 르네상스와 바로크 등 고전 건축 양식을 기반으로 근대적인 직선과 간결한 형태를 접목시키고 강철과 유리 같은 신재료를 사용했다. 그 당시 유럽 전역의 건축뿐 아니라 미국의 1880년대부터 1920년대 공공 건축물 양식에 큰 영향을 끼쳤다. 유명한 건축물로는 그랜드 센트럴 터미널, 파리 오페라 하우스, 루브르 박물관 신관 등이 있다.

할머니의 설명에 우리는 고개를 끄덕였다.

"역사가 아주 오래된 파리는 강을 중심에 두고 자연스럽게 커져 나간 도시라는 건 알고 있지?"

"네. 학교에서 역사 시간에 센강에 대해 배운 적이 있어요! 도시들이 옛날에 강을 두고 발달한 이유가 물을 구하기 쉬워서 농사에도 편리하고 배로 사람과 물건을 실어나르기 용이해서라고요. 그래서 산업 발전도 강 주변에서 이루어졌고요."

"오호, 맞단다. 제대로 알고 있구나."

할머니가 대견한 듯 미소를 지었다.

"파리가 처음 생겼을 때에는 도시계획 같은 게 체계적으로 없었기 때문에 도로 형태가 다양하고 자유로웠지. 지난주 우리가 걸었던 일직선의 도로 같은 것들만 해도 1850년대에 오스만이 도시계획을 실행하면서 생긴 도로들이야. 반면 맨해튼은 파리에 비해 비교적 나이가 어린 도시지. 1811년 위원회 계획이 조정되면서 맨해튼의 초창기 때부터 도시계획의 비전이 있었어."

"그런 차이점이 있어서 도시의 형태도 다르군요."

"그렇지. 일정한 사이즈의 격자무늬 도로를 이용해서 맨해튼과 같이 좁은 땅을 효율적으로 쓸 수 있도록 계획했어. 땅이 네모나면 딱 맞게 네모난 건물을 지어 땅의 가치를 최대로 활용하려는 계획이었지. 그때도 사실 도시가 단조롭고 딱딱해서 많은 사람들에게 비인간적이라는 비난을 많이 받긴 했어. 파리 같은 고전 도시에 대한 로망이 있었으니까."

"사실 저도 파리에서 오래된 건물 사이 사이 구불구불한 좁은 도로를 걷는 느낌이 더 좋았어요. 재료들도 자연적이고 인간미가 있어서 친근했고요. 새로 만들어진 큰 도로들은 너무 넓고 차들도 세게 달리고 건물들도 높아서 빨리 벗어나고 싶은 느낌이 들 때도 있었어요."

나는 고백하듯이 털어놓았다.

"사람들은 늘 예전 것에 대한 로망이 있단다. 원래 과거는 지난 일이니까 왠지 더 좋아 보이는 법이지. 근데 건축가는 미래지향적인 부분이 있어야 해. 과거에 머물러 갇혀 있으면 발전이 없으니까 색다른 디자인이나 새로운 상상도 하기 어려워져."

할머니 표정이 복잡해 보였다. 아마도 건축가들은 과거와 미래 사이에서 고민이 많은 직업인가 보다.

"맨해튼은 미래지향적인 도시야. 아름다움, 질서, 편의 (beauty, order, convenience)가 맨해튼 도시계획의 기본 가치야.

그리드로 이루어진 뉴욕 도시

그리고 좁은 땅을 최대한 활용해야 하는 곳이고. 저기 보이는 고층 건물들도 땅의 가치를 최대한 올리기 위해 높이 쌓아 올린 거야. 땅 크기는 한정되어 있지만 위로 올리면 층마다 가격이 더해지는 거니까. 뉴욕에 고층 건물이 많아진 이유지."

"그래서 하이라인 공원이 만들어진 거군요."

"맞아. 남는 땅이 없으니 위로 올린 제2의 땅을 만든 거라고 생각하면 돼."

"그렇다면 제3의 땅도 생길 수 있나요?"

"그럴지도? 여기 중앙에 큰 녹지 보이니?"

할머니가 지도에서 직사각형 초록색 부분을 가리키셨다.

"처음 뉴욕을 디자인할 때 시민들을 위해 도시 중앙에 만든 공원, 센트럴 파크란다. 구겐하임 미술관에 갈 때 잠시 들렀었지? 이 공원은 규모가 커서 그 안에 별게 다 있어. 자연 안식처 nature sanctuary, 동물원, 스케이트 링크, 회전목마와 연못이 8개나 있고, 어린이 놀이터는 21개나 있어. 자연 생태계도 다양하지. 큰 나무들이 있는 숲도 있고, 야생 동물들, 새, 물고기, 거북이, 곤충, 너구리, 다람쥐 들이 살고 있지."

"와, 엄청나네요. 크기가 대략 얼마나 될까요?"

"미식축구 경기장이 600개 정도 들어갈 만한 크기?"

"헉! 너무 커서 상상이 잘 안 돼요."

수가 말했다.

"저렇게 큰 땅을 공원이 차지하고 있다니, 지금은 상상도 못할 일이지. 센트럴 파크가 1958년에 완성된 20세기 공원이라고 한다면 2009년에 완성된 하이라인은 21세기를 대표하는 공원이랄까. 버려지고 남은 공간을 재활용하는 게 21세기의 공원 스타일이야. 도시 곳곳 빌딩 사이 사이에 있는 작은 크기의 공원 pocket park 들도 21세기 스타일의 공원이라고 할 수 있지.”

“도시가 진화하고 있는 건가요?”

“그렇다고 볼 수 있지. 도시계획도 건축물 도면도 한번 그려지면 그대로 고정되는 게 아니라 그 당시 상황과 필요에 따라, 그 당시 가능한 기술과 문화에 맞춰서 발전하고 진화하는 거야. 건축물이나 도시를 디자인할 때 중요한 게 미래의 변화에 쉽게 적응할 수 있도록 하는 거거든. 변할 수 없는 도시는 과거에 머물게 되고 사람들에게 외면받을 테니까. 도시도 유연성이 중요하단다.”

“혹시 우리가 저번에 갔던 변신하는 슈뢰더 하우스에서 본 유연성 같은 건가요?”

“바로 그거야.”

할머니가 흐뭇한 얼굴로 맞장구를 치셨다.

하이라인이 끝나는 듯 자연스럽게 내리막길로 바뀌면서 우리는 새로운 지역에 도착했다.

“기찻길은 끝난 거예요? 여기는 뭔가 굉장히 모던한 느낌이에요. 여기도 저기도 다 유리 건물밖에 없네요?"

"여기는 허드슨 야드야. 맨해튼의 새로운 개발 지역이지. 여기도 라데팡스랑 비슷한데, 특별한 지역으로 허가를 받아서 여러 가지 다양한 용도의 건물들을 개발할 수 있는 곳이야. 보통 도시계획을 할 때 주거 지역, 비즈니스 지역, 공장 지역 이런 식으로 나누거든. 여기는 여러 가지 용도의 건물들이 다 섞여 있어. 사무실도 있고, 아파트도 있고, 학교도 있고, 공원도 있고, 호텔도 있지. 또 특이한 건 기존 맨해튼의 그리드(구획 배열)가 여기서 끊어지고 새로운 구획 배열이 시작되지."

머릿속에서 그동안 할머니가 해 주신 이야기가 정리되는 것 같았다.

"할머니, 도시계획이랑 건축이 어떤 연관이 있는지 이제는 좀 알겠어요."

"오, 그래? 그럼 어디 설명을 해 볼까?"

"도시와 건축은 서로에게 영향을 주면서 같이 진화해 나가는 것 같아요. 도시는 건축물이 생겨나서 모습이 변하고 그러면 변한 도시에 맞는 새로운 건축물이 또 생겨나고요."

"그리고 건축물은 위치하고 있는 도시의 일부분이 되어야 하

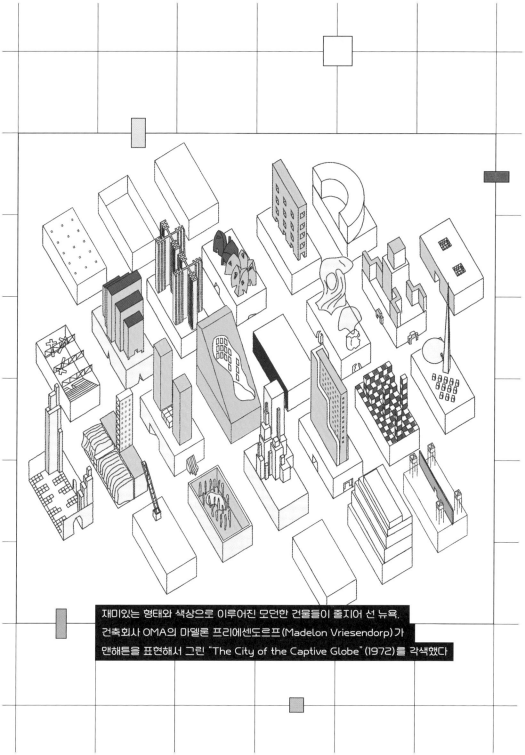

재미있는 형태와 색상으로 이루어진 모던한 건물들이 줄지어 선 뉴욕. 건축회사 OMA의 마델론 프리에센도르프(Madelon Vriesendorp)가 맨해튼을 표현해서 그린 "The City of the Captive Globe"(1972)를 각색했다

기 때문에 똑같은 건축물이 여러 다른 장소에 있을 수 없는 것 같아요."

할머니는 흐뭇한 미소를 지으셨다.

"오늘 많은 것들을 알게 되었구나. 건축물들은 도시를 닮아 있기 때문에 건축물을 보면 도시에 관해 많이 배울 수 있어. 하지만 그렇지 않은 건물도 많지. 주변 환경과 어우러지고 도시 맥락에 맞게 디자인된 건물들도 있지만 혼자만 튀는 건물들도 있잖아. 예를 들어 파리에 있는 퐁피두 센터는 주변은 다 비슷한 재료와 색깔과 크기의 건물들인데 혼자만 튀잖니."

"그럼 퐁피두 센터는 안 좋은 건축물인가요?"

"그렇다고 할 수는 없지. 퐁피두 센터는 주변 환경과 다르게 지어졌지만 그 요소 외의 다른 요소를 중요하게 생각해서 그렇게 지은 거니까. 다들 똑같이 생각하는 것보다는 서로 다르게 생각하는 사람들이 많아야 이 세상이 더 재미있는 건축물로 이루어진 도시가 되지 않겠니? 생각하는 건 자유니까 너희들도 너희들만의 생각을 해 보렴!"

할머니랑 우리는 맨해튼 구경을 마치고 다시 기차를 타고 돌아왔다.

"드디어 마지막 건축 수업이 끝났구나! 이제 휴가를 마치고 돌아가야 할 때가 되었네."

"이제 할머니 영영 못 보는 건가요? 매주 수요일마다 할머니 생각이 날 거 같아요. 어떡하죠?"

썬이 울먹이며 말했다.

"건축 수업을 하면서 건축에 대해 배운 것도 있지만 주변을 살펴보고 관찰하는 방법을 배운 거 같아요. 세상을 바라보는 새로운 방법을 알게 되었어요. 건축이라는 매력적인 안경을 선물 받은 거 같아요. 근데 이제 못 뵌다니…."

어른스럽게 말하려 했지만 나도 울컥하고 말았다. 할머니는 우리 어깨를 토닥여 주었다.

"괜찮아. 원래 인생사가 다 그런 거야. 만남이 있으면 헤어짐도 있는 거지. 나도 너희들 덕분에 정말 재미있는 휴가를 보낸 거 같구나. 너무 서운해하지 말고. 또 만나게 될 거야. 방학 때 할머니가 일하는 현장에 놀러 오렴."

그렇게 아쉬움을 가득 남긴 채 우리는 할머니와 헤어졌다.

수의 일기

  난생처음으로 지도와 목적 없이 걸어 본 것 같다. 학교, 학원, 집, 도서관같이 늘 목적지를 정해 놓고 걸었었는데 느낌을 따라 걸었더니 나도 모르게 멋진 공간을 발견하곤 했다. 남들은 모르는 나만 아는 파리의 비밀이 생긴 것 같다. 처음엔 어색하고 이걸 왜 하는지 모르겠다 싶었는데 하다 보니까 자유로움이 느껴졌다. 그리고 할머니가 시킨 대로 그걸 나만의 지도로 기록해 봤다. 완성해 놓고 보니 마치 보물지도를 그려 놓은 것 같았다. 앞으로 무언가가 지루해질 때 오늘처럼 새로운 시각으로 다시 보는 시도를 해 봐야겠다.

  맨해튼은 처음 가 봤는데 우리 동네보다는 더 복잡복잡하고 고층 건물들도 빽빽해서 정신이 없었지만 재미있었다. 신기한 건물도 많았고 미래지향적인 건물도 많아서 타임머신을 타고 미래를 갔다 온 기분도 들었다. 파리와 뉴욕은 완전 다른 모습이지만 둘 다 미래를 생각해 디자인되었다는 점에서 비슷한 것 같다. 할머니가 한 말 중에 생각은 자유라는 점이 기억에 많이 남는다. 건축에는 정답이 없고 디자인과 해석이 자유롭다는 점이 정말 맘에 든다.

썬의 일기

　건축을 공부한다고 해서 건물만 생각했는데 건물들로 이루어진 도시를 돌아다니면서 도시에 대해서도 배워서 건축을 다른 시각에서 볼 수 있었다. 또한 건축가가 도시 설계가들과 함께 도시를 구성하는 데 도움을 줄 수 있고 그 과정 속에서 일부가 될 수 있다는 점이 흥미로웠다. 건축가는 건물만 지으면 끝이라고 생각했는데, 생각해 보니 건물은 도시 속에 존재하니까 건물 자체만 생각할 게 아니라 좀 더 넓은 의미로 도시 속에서 그 건물이 어떤 의미가 될 수 있을까를 고민하면서 건물을 디자인할 수도 있겠다는 생각이 들었다. 할머니랑 수랑 같이 도시를 탐방하면서 가장 좋았던 순간은 자유롭게 목적 없이 돌아다니는 것이었다. 그러다가 맛있는 크레이프 집도 발견하고. 나는 항상 가야 할 장소가 있어서 그 장소를 가기 위해 집 밖으로 나오고 도시를 돌아다녔는데, 아무 목적 없이 내 마음이 끌리는 대로 도시를 돌아다니는 건 정말 생각도 못 해 본 경험이었다. 도시를 있는 그대로 온전히 느낄 수 있게 해 주는 방법인 거 같다. 조만간 수랑 둘이서 정처없이 동네를 돌아다녀 봐야겠다. 그러다가 맛집을 발견하면 맛있는 것도 먹고. 생각만 해도 즐겁다.

카르티에 재단

Cartier Foundation

©Luc Boegly

장 누벨 | 프랑스 파리 | 2003년

카르티에 재단은 파리에 위치한 현대 아트 갤러리이다. 고전 건축으로 이루어진 주변 건물들과 지역적인 특색을 유지하면서도 현대적인 건축 디자인을 표현했다. 모든 벽은 유리로 이루어져 있고 창틀과 구조의 주재료는 쇠다. 유리로 만들어진 벽을 통해서 외부와 내부가 자연스럽게 연결되면서 내부에 있어도 외부에 심어진 나무들에 둘러싸인 느낌이 든다. 내부에는 현대 예술 작품이 전시되어 있는데 이 건축물도 현대 예술의 일부로서 예술 작품들과 조화를 이루어 낸다.

하이라인

High Line

주 설계 : 제임스 코너 / 필드 오퍼레이션
건축 협력 : 딜러 스코피디오 + 렌프로
조경 디자이너 : 피에트 우돌프
미국 뉴욕 | 2009년

하이라인 공원은 기존 철도를 재활용하여 만들어졌으며, 뉴욕의 여러 구역을 관통한다. 긴 노선 상에 다양한 식물과 예술 작품, 수족관 등이 위치한다. 하이라인은 현대적인 디자인과 도시재생의 아이디어를 반영한 곳으로 뉴욕 시민과 전 세계 관광객들에게 인기 있는 관광 명소 중 하나이다.

뉴욕 맨해튼의 고층 빌딩들

시민들을 위해 도시 중앙에 만든 미식축구장 6OO배 크기의 공원, 센트럴 파크

개선문과 신 개선문으로 이어진 파리의 모습. 신 개선문 뒤로 펼쳐진 라데팡스

epilogue

할머니는 떠나고 우리는 한참동안 할머니를 그리워하면서 지
냈다. 그러던 어느 날, 수가 아빠한테 받았다면서 할머니 주소
를 가지고 왔다. 우리는 할머니가 그리울 때마다, 건축 수업이
생각날 때마다, 건축에 대한 재미있는 생각이 들 때마다 비밀의
정원에 모여서 할머니에게 편지를 쓰고 부쳤다. 할머니와의 편
지 교류는 오랫동안 이어졌고 아직 부치지 못한 편지가 있어서
읽어 본다.

할머니에게

할머니, 거기 날씨는 어떤가요?

여기는 햇볕이 쨍쨍 내리쬐는 여름이에요. 할머니가 최근에 큰 프로 젝트를 완성했다는 이야기를 들었어요. 축하드려요.

수랑 저는 잘 지내요. 비록 서로 다른 도시에 있는 대학을 갔지만 여 전히 자주 전화를 하고 방학 동안 만나고 해요. 수는 할머니같이 건축 가가 되려고 건축과에 들어갔어요. 저는 아직 뭘 하고 싶은지 모르겠지 만 우리 주위에 있는 회사들이 어떻게 돌아가고 제품은 어떻게 홍보하 고 마케팅하는지가 궁금해서 경영학과에 들어갔어요. 하지만 여전히 미술관 가는 걸 좋아하고 재미있는 건축물을 발견하면 저희가 수업했 던 것같이 건물 주위를 유심히 살펴보고 관찰해요. 경영학과가 제 마지 막 전공은 아닐 것 같다는 느낌이 들어요. 전 아직도 세상에 궁금한 게 너무 많거든요.

가끔 길을 걷다가 저희가 같이 봤던 건물들과 비슷한 형태나 색깔의 건물을 보면 건축 수업이 생각나곤 해요. 저희 생활의 전부였던 집, 학 교, 도서관들과 같은 건물들이 저희가 항상 보던 그런 건축물로만 존재 하는 게 아니라 다양한 형태와 재료로 지어질 수 있다는 걸 배웠을 때 누가 머리를 쿵 치는 거 같은 충격을 받았어요. 건축을 배움으로써 제

삶을 다른 시선으로도 볼 수 있게 되었어요. 비록 지금은 경영학을 공부하지만 언젠가는 좀 더 창의적인 일을 하고 있을 거 같아요. 사실 요즘 학교에서 건축과 수업을 청강하고 있어요. 아무래도 아직 더 건축에 대해 알고 싶은 거 같아요. 수업 시간에 수와 할머니와 건축 수업을 했듯이 가끔 흥미로운 건물들을 탐방하기도 하고 주제를 정해서 건물을 디자인하는 수업도 했어요. 그럴 때마다 저희가 같이 방문했던 건물들이 떠올라요. 제가 동그란 형태를 좋아해서 디자인하는 대부분의 건물들이 동그란 형태가 많아요. 저희가 학교들을 탐방하러 다닐 때 동그란 도넛 형태의 후지 유치원을 갔었잖아요. 그 형태의 장점들과 단점들을 생각하면서 디자인을 해요. 동그란 벽을 따라서 걷거나 생활할 사람들을 생각하면 미소가 지어져요. 계속 건축 수업을 듣다가 건축이 더 좋아지면 저도 수를 따라서 건축학교에 갈 수도 있을 거 같다는 생각이 드네요. 그러면 언젠가 수랑 둘이서 같이 건축 회사를 할 수도 있지 않을까요? 너무 재미있을 거 같아요.

이제 학교에 가 봐야 돼서 그만 줄일게요.

길을 걷다가도 미소가 지어지는 좋은 추억을 만들어 주셔서 감사해요. 언젠가 우리가 다같이 만날 수 있는 그날까지 잘 지내세요.

항상 보고 싶은 할머니에게 썬이

보고 싶은 할머니께

할머니는 지금쯤 어디 계신지 궁금하네요. 세계 곳곳을 여행하면서 건축 일을 하시는 모습을 상상해요. 요즘엔 어떤 프로젝트를 하고 계세요?

저는 이제 대학생이에요! 몇 달 전에 건축대학교에 진학하게 됐어요. 벌써 첫 번째 학기가 끝나고 다음 주에 두 번째 학기가 시작돼요. 할머니랑 썬이랑 진로 고민을 하던 게 얼마 전인 것 같은데 어느새 건축대생이네요. 할머니랑 건축 수업을 하고 나서 건축 탐방이 제 취미가 됐어요. 그때부터 꾸준히 관심사를 키워 나간 것 같아요.

실제로 건축물을 탐방한 게 대학교 과제에 많은 도움이 돼요. 처음 학기 과제가 자신이 사는 집을 집과 갤러리 두 가지 용도로 사용하고 싶은 가상의 건축주를 위한 집이었어요. 여태까지는 관찰하고 탐방하던 건축을 실제로 디자인하고 창작하려니 처음엔 막막했어요. 제가 건축가로서 재능이 없는 건가 낙담하기도 했어요. 보는 거랑 하는 거는 다르더라고요. 할머니도 처음에 디자인할 때는 막막하셨나요?

그때 예전에 할머니랑 썬이랑 건축 탐방을 하고 쓴 일기들을 우연히 보게 됐어요. 그 당시에 건축물을 보고 느꼈던 생각들이 생생하게 머릿속에 재현됐어요. 그리고 건축물들의 용도는 다르지만 그때 배운 공간,

빛, 형태, 스케일 같은 콘셉트를 학교 과제에 접목시킬 수 있다는 걸 알았어요. 예술 작품 같은 슈뢰더 하우스와 발가벗은 집, 커튼벽 집의 자유롭게 움직이는 벽들이 공간을 다양한 용도로 쓰고 싶어 하는 사람을 위해 굉장히 중요한 요소라는 걸 느꼈어요. 후지 유치원과 하이스쿨 9에서는 건축물의 자유로운 형태가 저의 마음을 들뜨게 했던 것도 생각이 났어요. 도서관들을 다니면서 보았던 다양한 형태의 빛과 희귀본들을 지켜 주던 예일대 바이네케 도서관의 은은한 빛도 중요한 요소라는 걸 깨달았어요. 카르티에 건물과 하이라인 일기를 읽으면서는 새 건물과 주변 건물과의 관계가 중요하다는 사실도 다시 생각났어요. 숲속을 산책하듯이 거닐던 구겐하임 미술관의 동선의 느낌을 이 과제에 접목시키면 좋겠다고도 생각했어요.

이런 곳들을 안 가 봤다면 저는 이 과제에서 일반 아파트밖에 상상하지 못했을 것 같아요. 우리가 사는 일상 건물의 상상력을 넘어선 특별한 건물들이 저에게 지금도 많은 도움이 되어요. 건축물은 3차원이라서 직접 가서 건축물이 위치한 장소와 문화를 느끼고 실제로 만져 보고 냄새 맡아 보고 크기를 실감해 보고 공간이 주는 느낌에 푹 빠져 보는 방법이 건축물을 온전히 경험하는 방법인 것 같아요. 잡지로도 건축물 사진들을 보지만 사진과 글로는 알 수 없는 부분이 많죠. 그때 왜 할머니가 저희에게 건축 책을 보여 주시지 않고 실제로 건물에 데려간 건지 이제야 알 것 같아요.

　저는 앞으로 세계 여행을 하면서 계속 건축 탐방을 다니고 싶어요.

　썬이랑 할머니랑 셋이 다시 또 가 보고 싶어요. 다음 여행은 제가 좋은 건축가가 돼서 가이드해 볼게요.

　할머니, 다음에 만날 때까지 건강하게 계세요.

수 올림

PS. 첫 학기 과제 도면이랑 렌더링들(완성 예상도)도

여기 편지에 첨부했어요. 할머니는 어떻게 생각하실지 궁금해요!